青年学者科技专著系列

U0284016

沟道泥石流
堆积体复活启动
机制研究

王硕楠　赵菲　和飞　著

中国水利水电出版社
www.waterpub.com.cn
·北京·

内 容 提 要

  本书以河南省栾川县柿树沟泥石流为研究背景，根据野外调查判定该泥石流为沟床启动型泥石流，并通过室内试验和人工模拟降雨的模型试验方式对该泥石流的启动过程进行了研究，根据降雨对沟道内径流的影响和物源土体参数的影响，结合沟道内堆积体的情况，揭示了其启动机理与即时雨强、饱和度、沟床坡度的关系，然后用SPH软件对泥石流的启动过程进行了模拟，与模型试验结果进行验证，两者基本相符。

  本书可供从事工程地质学、地质灾害分析与防治、泥石流启动及预测预报等方面工作的研究、管理人员和高等院校相关专业的师生阅读参考。

图书在版编目（CIP）数据

沟道泥石流堆积体复活启动机制研究 / 王硕楠，赵菲，和飞著. -- 北京：中国水利水电出版社，2018.12
 （青年学者科技专著系列）
 ISBN 978-7-5170-7285-0

 Ⅰ. ①沟… Ⅱ. ①王… ②赵… ③和… Ⅲ. ①滚道－泥石流－堆积区－复活－形成机制－研究 Ⅳ.
①P642.23

中国版本图书馆CIP数据核字(2018)第296618号

书　　名	青年学者科技专著系列 **沟道泥石流堆积体复活启动机制研究** GOUDAO NISHILIU DUIJITI FUHUO QIDONG JIZHI YANJIU
作　　者	王硕楠　赵　菲　和　飞著
出版发行	中国水利水电出版社 （北京市海淀区玉渊潭南路1号D座　100038） 网址：www. waterpub. com. cn E-mail：sales@waterpub. com. cn 电话：(010) 68367658（营销中心）
经　　售	北京科水图书销售中心（零售） 电话：(010) 88383994、63202643、68545874 全国各地新华书店和相关出版物销售网点
排　　版	北京时代澄宇科技有限公司
印　　刷	北京虎彩文化传播有限公司
规　　格	175mm×245mm　16开本　10.25印张　119千字
版　　次	2018年12月第1版　2018年12月第1次印刷
定　　价	**65.00元**

| 前言 |

　　泥石流作为一种常见的地质灾害，具有突发性且破坏性强的特点，每年都会造成巨大的经济损失和人员伤亡。由于其成因复杂，治理成本高，目前仍无有效的手段对其进行治理与控制。多年来，国内外学者们对泥石流展开了大量的研究，其中泥石流的启动机理和启动临界条件的研究成果在泥石流防灾减灾中发挥了重要作用。泥石流启动机制作为泥石流研究的重点之一，对泥石流防灾减灾工作起着重要的指导作用。沟道堆积体作为物源启动形成泥石流的实例相对较少，因此对该种类型的泥石流启动机制研究主要是从地形地貌、降雨条件等方面出发。鉴于研究缺乏相应的室内试验以及物理模型试验，因此，对沟道泥石流堆积体进行人工降雨试验具有重要意义。

　　栾川县位于豫西伏牛山山区。该区域山多地少，人类活动比较频繁，对地形地貌的改造活动较多。同时，由于山区小气候的原因，汛期降雨比较集中频繁，这些都造成该区域泥石流灾害的发育。栾川县农业、矿业和旅游业发展较好，其中旅游业开发较早，管理到位，设施系统也比较完善，是县内重要的支柱产业。旅游景区大部分分布在沟谷内，极易受到泥石流灾害的影响，同时也威胁着当地居民和游客的人身安全。栾川县属于泥石流易发区，在历史上曾多次爆发泥石流，部分泥石流沟呈现间歇性大规模爆发的现象。受连续暴雨的影响，2010 年 7 月 24 日，栾川县境内爆发 29 处泥石流，共造成人员伤亡 89 人，直接经济损失高达 19.8 亿元。2012 年调查发现，栾川县境内一些沟道上还留存有以往泥石流爆发所遗留下来的堆积体，这些堆积体在强降雨的作用下可能再次启动形成泥石流。特别是柿树沟沟道内还存在大量泥石流堆积物，主要分布于沟道中下游地势较平缓处。因此，对柿树沟泥石流形成条件和启动机理进行研究，有利于针对沟道堆积体启动形成泥石流的防灾减灾工作的开展，减少居民生命财产的损失，并对其预测预报工作起到一定的指导作用。同时，还可以为同类型泥石流的形成和预测防治研究提供一定的参考。

针对栾川县柿树沟沟道泥石流堆积体复活启动问题，采用地面调查、室内参数试验研究、人工降雨模型试验研究和理论分析相结合的研究方法，得到沟道泥石流堆积体其物理力学参数，同时得到其抗剪强度、应力应变、孔隙水压力、质量含水率等在不同工况下的变化规律，结合试验观测的泥石流启动结果和以往研究成果，对沟道泥石流堆积体复活启动机理进行了分析研究，探讨了不同因子条件下泥石流启动模式。最后运用颗粒流数值模拟软件 SPH 对不同雨强下柿树沟泥石流的启动模式进行了模拟，并与试验结果相对照分析，结果比较吻合，符合实际情况。以此建立起沟道泥石流堆积体复活启动机理研究的模式，并说明了柿树沟泥石流启动的临界条件。

本书的主要研究工作和成果如下：

（1）对栾川县境内的已知泥石流展开调查，查明其地形地貌、地质环境等条件以及历史爆发情况，分析其成因和特征。栾川县地貌主要为中山和中低山，地层比较复杂，地质构造发育，降雨充沛，人类改造环境活动比较频繁。这些条件有利于泥石流的形成，因此，历史上该县境内多次爆发泥石流。通过对柿树沟的调查可知，该泥石流的爆发其物源主要来自于以往泥石流爆发所留存于沟道内的堆积体，在强降雨的作用下，形成的地表径流对其产生冲刷侵蚀最终启动形成泥石流。

（2）从柿树沟泥石流形成条件、"7·24"泥石流特征方面阐述了柿树沟泥石流的发育特征。柿树沟降雨丰富，流域面积和沟床比降属于泥石流易发范围，有利于泥石流的形成。柿树沟"7·24"泥石流的主要物源为沟道泥石流堆积体，其主要分布于沟道内的宽缓地带，是由于以往泥石流规模不及"7·24"泥石流而形成。柿树沟泥石流堆积体的复活是在前期降雨对土体强度弱化，泥石流爆发当天的持续高强度降雨导致的强烈的携砂径流对泥石流堆积体冲刷拖拽启动而形成。"7·24"泥石流具有水流"揭底"沟道堆积物的特征，为沟床启动型泥石流。

（3）采用颗分试验、X衍射试验、渗透实验，获取物源土体的基本物理力学参数。通过室内试验对柿树沟泥石流土样进行了基本物理化学特性及力学性质研究，得出物源土体的性质为粗粒土，经过颗分试验得出其不均匀系数为 $C_u=26.92$，曲率系数为 $C_c=4.95$，粒径分布不均匀，颗粒极配良好；渗透系数位于粗砂渗透系数范围内，渗透性好，有利于雨水快速入渗。这些特性有利于物源土体在降雨作用下迅速达到饱和，形成地表径流，为泥石流快速启动创造了良好的条件。

（4）采用大直剪试验和三轴剪切试验，获取不同工况下物源土体的黏聚力 c、内摩擦角 φ 及其与应力应变的变化规律。通过对物源土体进行的大直剪试验和三轴可知：物源土体的黏聚力与饱和度成反比关系，随饱和度的增加而减小；抗剪强度与土体的饱和度成反比关系，随着饱和度的增加而减小；当物源土体在降雨条件下逐渐达到饱和的过程中，其持水能力降低，土体黏聚力急剧下降，抗剪强度降低，同时随着土体的饱和，出现地表径流并伴随持续降雨而使其侵蚀和挟沙能力也加强，易造成泥石流的发生。物源土体在 CU 剪切试验过程中干密度较小的试样多为剪缩破坏，干密度较大的试样多为剪胀破坏；c、φ 值均随干密度增大而增大，试样在 CU 试验内摩擦角远大于同条件下 UU 试验内摩擦角，且随着干密度的增加此差距逐渐变小。

（5）对不同沟床坡度、土体饱和度和雨强条件下的泥石流堆积体采用人工降雨方式，并对该过程中物源土体强度的变化和启动结果进行分析研究。通过物理模型试验，得出泥石流启动时，物源土体基本达到饱和，而下游的土体其含水量上升更快，最终含水量也更高，更易被破坏。孔隙水压力的增大对土体强度具有很大影响，在试验过程中孔隙水压力具有先增大然后保持稳定最后降低的趋势，同时其对即时雨强的影响最为敏感。土体在含水率逐渐增加并最终达到剪切破坏的过程中一直存在剧烈的能量交换，而在产生剪切破坏后其产生的能量交换较小。通过对试验结果的正交设计分析，可知对冲沟形成时间的影响的因子主次关系为饱和度＞雨强＞沟床坡度，对物源土体冲出方量的影响的因子主次关系为雨强＞饱和度＞沟床坡度。对柿树沟来说，即时雨强为 30mm/h 时，泥石流不会发生；当即时雨强为 60mm/h 时，泥石流堆积体部分启动；当沟床坡度为 17°时，即使其土体初始饱和度只有 50%，在当期累积雨量达到 70mm 时也会发生泥石流，当土体初始饱和度为 100%时，即使其沟床坡度仅为 12°时，在当期累积雨量达到 20mm 时也会发生泥石流；

当即时雨强为 90mm/h 时，泥石流堆积体出现大范围启动，甚至出现"揭底"现象，其中当沟床坡度为 12°、土体初始饱和度为 75％时，在当期累积雨量达到 40.5mm 时会发生泥石流；当沟床坡度为 17°、土体初始饱和度为 100％时，在当期累积雨量达到 30.5mm 时会发生泥石流；当沟床坡度为 15°、土体初始饱和度为 50％时，在当期累积雨量达到 85.5mm 时会发生泥石流。这个启动临界条件可以为今后柿树沟沟道泥石流堆积体启动的预测预报工作起到一定的借鉴及指导作用。

（6）根据试验结果，分析研究沟道泥石流堆积体复活启动机理，并利用数值模拟软件 SPH 对研究结果进行验证。通过试验观测，判定沟道泥石流堆积体的复活启动过程为：前期降雨→当期降雨，径流形成，土体表面冲刷侵蚀→土体强度继续下降，接近临界稳定状态→土体达到临界稳定状态并失稳、堆积体启动，泥石流形成。其在中雨强和大雨强状态下启动破坏形式不同。在中雨强状态下堆积体达到临界稳定状态，坡脚土体产生液化，接着堆积体从坡脚开始破坏并部分启动形成泥石流；大雨强状态下堆积体达到临界稳定状态，物源土体开始产生液化，当饱和土体在进一步的降雨打击振动以及地表径流冲刷的作用下失稳，堆积体从坡脚开始迅速失稳启动，接着堆积体出现大范围启动，甚至出现"揭底"现象。通过对柿树沟进行数值模拟的结果可以看出，沟内松散堆积体在中雨状况时，坡面形态仅局部产生调整，堆积体部分启动，地表径流的冲刷力只对堆积体表层有影响，但未影响整体形态；在暴雨工况下时，坡面形态出现变化，堆积体开始产生位移，坡面变形迅速发展，堆积体整体启动。该模拟结果基本与现场调查以及物理模型试验结果相符合。

本书的主要创新点为：

（1）根据对沟道泥石流堆积体为物源的泥石流进行物理力学参数试验的基础上，获取其特征参数；并结合了大直剪试验和三轴剪切试验的结果对物源土体的强度及其特性进行了详尽的分析研究；再对该类型的泥石流进行人工降雨的物理模型试验，试验工况采用SPSS软件进行正交设计，大大减少了试验组数，分别获取堆积体在泥石流形成过程中不同因子条件下含水率、孔隙水压力、温度等的变化规律，结合观测到的泥石流启动情况，对物源土体冲沟形成时间和冲出方量进行正交评价，得出不同因子的重要程度排序，并得出泥石流启动所需条件。

（2）结合参数试验和物理模型试验结果，对沟道泥石流堆积体作为物源的泥石流启动过程和成因机制进行综合分析，得出该类型泥石流的启动机制；并对柿树沟沟道堆积体分别在中雨强和大雨强条件下，形成泥石流时不同的启动破坏形式进行了分析说明。最后利用SPH软件对柿树沟泥石流沟道堆积体启动过程进行不同降雨工况下的数值模拟，结合实际调查结果和试验结果对得出的启动机制进行分析验证。

本书在对物源土体性质进行分析的基础上，结合模型试验结果，对栾川县柿树沟沟道泥石流堆积体复活启动过程和形成机理进行了分析研究，得到了柿树沟泥石流堆积体启动所需的临界条件，并得到了沟道泥石流堆积体复活启动的机理，为接下来对该类型泥石流预测预报和防灾减灾工作提供了科学的依据。

作者

2018 年 12 月

于郑州华北水利水电大学

| 目录 |

前言

第1章 绪论 /1

1.1 概述 /1

1.2 国内外研究现状 /2

1.3 发展趋势及存在的问题 /7

1.4 研究内容、技术路线与创新点 /8

第2章 研究区概况 /11

2.1 地理条件 /11

2.2 地质水文背景条件 /11

2.3 栾川县泥石流发育特征 /15

2.4 柿树沟泥石流发育特征 /22

2.5 本章小结 /31

第3章 柿树沟泥石流物源物理力学参数试验研究 /33

3.1 颗分试验 /33

3.2 X衍射试验 /36

3.3 渗透试验 /37

3.4 大型直剪试验 /41

3.5　饱和三轴试验　/54

3.6　本章小结　/66

第4章　柿树沟泥石流室内模型试验研究　/67

4.1　试验方案　/68

4.2　试验仪器及设计　/72

4.3　试验结果与分析　/82

4.4　本章小结　/103

第5章　柿树沟泥石流启动机理与数值模拟研究　/106

5.1　沟道泥石流堆积体启动机理分析　/107

5.2　沟道泥石流堆积体启动的数值模拟分析　/118

5.3　本章小结　/138

第6章　结论与展望　/140

6.1　结论　/140

6.2　展望　/143

参考文献　/145

第1章 绪 论

1.1 概述

1.1.1 概况

栾川县位于豫西伏牛山山区，为豫西地质灾害多发县之一，其中泥石流灾害尤为严重。据《栾川县志》（1994 年版）及栾川县气象站相关记载，栾川县历史上曾数次遭受山洪泥石流灾害，如公元前 185 年、227 年、740 年、983 年、1848 年、1937 年、1948 年、1953 年、1954 年、1956 年、1958 年、1961 年、1964 年、1974 年、1975 年、1982 年、1984 年、1987 年、2001 年、2003 年、2007 年及 2010 年等数年甚为严重。1957—1989 年共出现暴雨洪水灾害 72 次，年均 2.6 次，其中出现在 7 月的 29 次，占总数的 40.3％，出现于 8 月的 15 次，占总数的 20.8％。

20 世纪 60 年代以后，栾川县森林大面积减少，植被覆盖率降低，洪水及其引发的泥石流灾害较为频繁。2010 年 7 月 24 日，栾川县突降特大暴雨，全县境内有 14 个乡镇共发生了 29 次泥石流灾害，其中大型泥石流 2 次、中型泥石流 5 次、小型泥石流 22 次，共造成 68 人死亡、失踪 21 人，直接经济损失约 19.8 亿元。泥石流灾害严重威胁到了当地居民生命财产安全。栾川县境内泥石流沟道内存在不少泥石流堆积体。因此在该县进行泥石流启动模型研究具有重要意义。

1.1.2 研究目的和意义

栾川县是我国著名的旅游景点区域之一，县境内有 3 个国家 5A 级旅游景区、4 个国家 4A 级旅游景区，还有众多其他级别景区。这些都得益于栾川县得天独厚的山水环境和人文地理条件。同时也因山多地少、降雨集中，再加上近来人类生活、生产活动对环境的破坏，致使泥石流灾害发育。另外，农业经济也是栾川县重要经济支柱，而农业和旅游业对泥石流灾害都非常敏感，尤其是栾川县山多地少，居民大多居住在沟谷内，极易受到泥石流或山洪的威胁。因此，对沟道泥石流堆积体启动形成泥石流进行研究，并确定该类型泥石流启动机制，将有助于栾川县泥石流区域政府救灾决策、有助于减少当地居民的生命财产损失和栾川县自然环境的破坏程度，另外还可以作为其他区域同类泥石流灾害预防体系建设的重要参考。

1.2 国内外研究现状

1.2.1 泥石流启动机理

对于泥石流启动机理研究，早期因条件不具备，学者们主要集中于成因统计分析研究，后期才开始逐渐转向土力类启动机理和水力类启动机理研究。目前国外学者提出的、比较重要的泥石流启动模型有含有孔隙水压力的库仑颗粒流模型、Johnson（1970）泥石流机理模型、Takahashi（1978）泥石流机理模型；另外还有 Cheng –

lung Chen（1986）提出的通用泥石流黏塑流模型、O′Brien 等（1993）提出的膨胀塑流模型及 Verson（1997）提出的复杂泥石流"混合流理论动量守恒方程"等几十种模型[1]。此外，还有维洛格拉多夫（1979）的沟床自保护层破坏导致泥石流启动的模型。随着近年来对泥石流研究的不断深入，国外学者对不同形式的泥石流形成机理进行了研究。Cannon S H 等（1998）[2]、Gartner，J E 等（2008）[3]、Cannon S H 等（2008）[4]研究了美国过火区域泥石流爆发机理。Chen H 等（2001、2000）[5,6]、Wooten R 等（2008）[7]、Chien - Yuan C 等（2008）[8]进行了台风或飓风所引起的泥石流机理研究。Shieh C L 等（2009）[9]研究了震后泥石流发育机理。Fuchu D 等（1999）[10]、Pérez F L（2001）[11]、Morton D M 等（2008）[12]、Tiranti D 等（2008）[13]、Bull J M 等（2010）[14]、Engel Z 等（2011）[15]、Jakob M 等（2012）[16]研究了暴雨型泥石流形成机理。Saucedo R 等（2008）[17]、Parise M 等（2012）[18]、研究了火山地区泥石流并形成机理。Stoffel M 等（2011）[19]研究了瑞士阿尔卑斯山冰缘泥石流形成机理。此外，还运用新的方法进行了泥石流机理研究的相关探索。Mergili M 等（2012）[20]开发了一种可以模拟泥石流启动和运动的 GIS 模型。

国内学者在泥石流启动机理方面研究也很多，提出了"揭底"作用或"滚雪球"过程等水力类泥石流启动机理；更重要的是，借助钱宁、王兆印等在泥沙运动力学方面的研究，我国泥石流学者将泥石流启动过程进行了细致而详尽的划分，系统地阐述了泥石流启动机理及过程[21]。解明曙、王玉杰、张洪江等[22]采用泥沙运动理论建立了沟床松散堆积物（准泥石流体）启动的力学模型。唐红梅、翁其能、王凯等[23]采用水动力学理论建立了沟床堆积物启动的力学模型。戚国庆、黄润秋（2003）[24]从非饱和土力学角度，王裕宜等（2003）[25,26]从自组织临界理论，陈中学、汪稔、胡明鉴等（2010）[27]从黏粒含量分别探讨了泥石流形成机理。我国的高校和科研院所也进行了大量研究工作，出版了许多专著，这些专著全面论述了中国泥石流的分布、分类、形成、基本特征，泥石流形成机理、运动特征、预测预报、数学模型、防治技术等方面的内容[28-33]；也有针对性的研究，比如泥石流沉积特征与环境[34]、泥石流勘查技术[35,36]、泥石流运动机理[37,38]、泥石流危险性评价[39]、泥石流防治工程技术[40,41]等。韦方强等（2005）[42]将降雨型泥石流分为了两种类型：①降雨导致泥石流形成区的土体含水量变化以及土体力学特性改变，从而导致土体失稳形成泥石流；②降雨导致地表径流增加，地表径流对土体的拖拽启动形成泥石流。前一种属于土力类，后一种属于水力类。陈晓清（2006）[43]、匡乐红（2006）[44]等还将泥石流形成过程进行了划分研究。此外，国内学者还针对特定区域[45]或专门性泥石流进行研究[46,47]等。也对不同形式的泥石流展开了研究，比如 Tang C 等（2009）[48]研究了震后泥石流发育机理。Tang C（2011）[49]等、周春花等（2012）[50]、Lu X 等（2011）[51]、Hu M 等（2011）[52]研究了暴雨型泥石流形成机理。

1.2.2　泥石流模型试验国内外研究现状

Okura 等[53,54]通过变坡度的水槽实验研究了滑坡流态化问题，考虑了坡面形态的影响，提出了滑坡流态化的 3 个阶段：上部坡体下滑引起砂层的压实；饱和区产生超静孔压；发生快速剪切。Hutchinson J N 等[55]提出，对于具有疏松的坡体，流动性滑坡的产生机制在于不排水效应，在滑坡运动所形成的不排水条件下，孔压增加，抗剪强度降低，从而使滑坡流态化。Eekersley[56]建立了一个以渗透为给水方式的滑坡模型，表明超静孔压产生于压缩区，并引起液化。Hungr[57,58]对三种现象泥石流（Debris Flow）、碎屑崩（Debris Avalanche）、流滑（Flow Slide）进行了区分，深入研究各自的形成过程和条件，他认为这几种现象均属于快速的流动性滑坡，区别在于其形成的地形条件，而它们发生的先决条件是剪切强度的突然丧失，Hungr对于初始加速度的产生在库仑—太沙基理论框架下进行了详尽分析。美国学者Fleming等[59]通过对美国加州Marin县的泥石流的研究指出：土体的收缩引起液化，从而导致滑坡转化为泥石流，而土体膨胀则引起间隙性的泥石流。美国地质调查局的Iverson博士等人，通过在大型泥石流试验槽（长90m，宽2m，深12m，坡度31°）上的反复实验，总结了前人的研究成果，提出了滑坡转化为泥石流所经历的3个过程，并最终以统一的描述坡体极限平衡、运动、停积的库仑混合流动量及质量守恒方程概括了这一过程，这标志着滑坡直接转化为泥石流基本理论框架的确立。从模拟对象来看，国外学者主要针对坡面泥石流[60,61]、滑坡转化形成泥石流[62-65]以及沟床沉积物启动形成泥石流[66-69]开展模拟试验。坡面泥石流启动试验通过岩土梁离心机模拟试验、环剪试验等手段分别研究了斜坡土体失稳与泥石流启动过程中渗流、表流的作用[70]，土壤团聚体孔隙率和胀缩特性关系[71]以及土体细颗粒含量与孔隙水压力变化[72]；多数滑坡转化形成泥石流试验的开展基于土体临界状态理论，部分试验表明滑坡向泥石流转化主要受松散土体孔隙压力的影响，在强降雨条件下稠密土体滑坡也被证实存在着向泥石流转化的可能。沟床沉积物启动形成泥石流试验的开展主要通过水槽实现，分别研究了沟床堆积物粒度与侵蚀速率的关系、表层覆盖（如燃烧灰）对流体密度、径流流量、携带能力的影响以及泥石流演化的关系。综上可以看出，国外泥石流启动物理模拟试验的开展正朝着精细化、微观化、多因素关联化方向发展[73]。

近10多年来，中国众多专家学者开展了大量人工降雨诱发泥石流启动试验，包括了室内泥石流启动模拟试验和室外泥石流启动原型试验。在试验的过程中，对土体水势、含水量、孔隙水压力和温度等特征参数的变化都进行了实时监测[74]。应变控制式三轴仪（如TSZ30-2.0）[75]、精密的基质吸力测量仪器（如 PF-Meter 测量仪）[76]、Bromhead 环剪仪[77]也被用于泥石流启动物理模拟试验的研究。从模拟对象来看，中国泥石流灾害专家和学者开展的人工降雨与泥石流启动试验模拟对象主要为蒋家沟泥石流[78-85]，同时也包括汶川震区魏家沟泥石流[86]和昆明—嵩高高速公路后窗子坡面泥石流[87]。王裕宜等[78]通过试验发现土体含水量超过11.5％时，容易形成坡面流。李驰等[86]在模拟北川魏家沟泥石流启动时发现相同雨强条件下，坡度越大，泥石流启动时间越短；相同坡度条件下，随雨强增加，泥石流启动所需总雨量减小，而当雨强逐渐减小时，泥石流启动时间越慢。胡明鉴和汪稔[79]通过试验发现泥石流形成主要包括表层松散体流失→溜滑、崩塌→崩塌、溜滑体前缘堆载→细沟侵蚀→崩塌牵引滑坡→自身重力和含沙水流混合形成泥石流等环节。何晓英等[87]根据后窗子坡面泥石流启动试验将泥石流形成、运动和堆积过程划分为5个阶段，即吸水强度降低、蠕滑、局部滑动、快速流动和堆积。周健等[85]透过试验现象将泥石流启动概括为4个过程：浸润区形成、滑动面出现、土体拉裂和泥石流启动。崔鹏（1983）[88-90]通过水槽试验研究泥石流体启动机理并提出了准泥石流体的概念，将摩尔—库仑理论用于泥石流的启动研究。徐永年（1999）[91]利用可调坡度水槽进行松散崩塌土与水流掺混形成泥石流的试验，观测崩塌土运动距离及泥石流的形成过程，建立崩塌土流高比的计算公式，提出了松散崩塌土在一定纵坡下形成泥石流的水流掺混机理。胡明鉴（2001）[92]在蒋家沟流域通过大型人工降雨滑坡泥石流现场试验，分析降雨对滑坡的激发作用，初步建立蒋家沟流域暴雨滑坡泥石流共生关系的含水量模型。陈晓清（2006）[93]通过野外原型观测、人工降雨试验和室内特体特征参数试验，提出土力类泥石流启动存在两种力学机理，即强降雨作用下的振动软化或液化机理、中小强度降雨作用下的局部软化或液化机理。徐友宁等（2009）[94]基于人工模拟试验以采矿堆排刻渣作为物源进行了模拟启动试验，试验考虑了颗粒级配、底床坡度、临界水量等主要因子的定量关系。亓星等[95]通过模型试验得出沟道堆积物在坡度为14°和15°时呈典型沟床启动特征，临界坡度为15°～17°。

1.3　发展趋势及存在的问题

目前，泥石流启动机理研究的主要趋势为：基于水文学和泥沙运动力学理论的泥石流启动模型研究；室内模拟试验启动模型、野外泥石流试验启动模型；数值模拟试验泥石流启动模型的研究。

泥石流灾害启动机理研究存在的问题主要有：泥石流形成的基本条件与发生机制、汇流过程未完全研究清楚；泥石流的发展过程与环境演变及人类活动的关系还未研究清楚；泥石流发生机理尚未完全研究透彻。

泥石流启动模型研究的主要趋势模拟试验的开展正朝着精细化、微观化、多因素关联化方向发展。其主要研究方向分为：水流冲刷与泥石流启动试验以及人工降雨与泥石流启动试验。水流冲刷与泥石流启动试验主要研究了物源条件、下垫面条件及这些条件的组合对泥石流启动的影响和控制作用；人工降雨与泥石流启动试验主要研究了人工降雨条件下雨强、雨型等降雨过程以及坡度等地形因素和初始含水量、黏粒含量等物源因素对泥石流启动的影响。

1.4 研究内容、技术路线与创新点

1.4.1 主要研究内容与技术路线

本书针对栾川县沟道泥石流堆积体启动问题，通过对野外泥石流现场采集的调查数据和相关研究资料进行分析，归纳总结了国内外对泥石流预测预报研究的大量文献，并对研究区沟道泥石流堆积体的岩土特性进行实验研究，采用物理模型试验来对泥石流的启动过程进行模拟，对研究区沟道泥石流堆积体泥石流启动形成规律进行分析总结，结合 SPH 软件对泥石流启动过程进行数值模拟，得出其启动机制的理论分析结果。

（1）研究区自然地理背景条件及泥石流发育特征。通过野外调查和资料收集，阐明研究区的自然地理条件、气象水文条件、工程地质条件和人类工程活动等。在整理收集野外调查资料基础上，查明研究区泥石流形成的三个基本条件：地形地貌、降雨和物源。对典型沟道泥石流堆积体启动形成的泥石流发育特征进行分析。

（2）研究区典型泥石流形成原因分析及主要物理力学参数的获取。通过实验对物源堆积体的基本物理特性进行研究，揭示其主要黏土矿物成分、级配特征、液塑限指数、渗透特性。并对不同级配的物源土体超径部分等量替换处理后进行饱和三轴剪切试验，分析土样的应力应变、孔隙水压力以及应力路径特征，得出不同密度、不同级配的土样抗剪指标，并拟合出相应的关系式。初步分析这些特征与泥石流形成的内在联系。

（3）研究区泥石流物理模型试验。以研究区内的典型沟道泥石流堆积体的重塑样作为试验对象，通过自行设计的模型槽在室内进行泥石流启动模型试验，模型槽尺寸为 1.5m×0.5m×0.8m。主要研究不同降雨条件、不同沟床坡度及不同径流坡度下分别导致沟道泥石流堆积体启动的影响。在不同试验情况下获取泥石流形成过程中含水率、孔隙水压力、时间等的变化规律，分析该类型泥石流的形成原因及启动机制。

（4）研究区泥石流的数值模拟。根据试验获取的物源土体主要力学参数，结合物理模型试验所得实验结果与分析，利用流体模拟软件 SPH 来对该典型泥石流的形成过程进行模拟。并利用 2010 年 7 月 24 日该泥石流爆发的条件来进行应用验证。最后，根据该类型的泥石流启动条件来对其爆发进行分析预测。

本书研究的技术路线如图 1-1 所示。

1.4.2 主要创新点

本书的主要创新之处：

（1）首先在根据对沟道泥石流堆积体为物源的泥石流进行基本参数试验的基础上，获取其特征参数；然后再对该类型的泥石流进行物理模型试验，工况采用正交设计，分别改变其沟床坡度、前期降雨和当期降雨条件，得出各因子变化下泥石流形成过程中含水率、孔隙水压力、温度等的变化规律，以及启动所需条件。

（2）根据参数试验和物理模型试验结果，分析沟道泥石流堆积体作为物源的泥石流启动原因，得出该类型泥石流的启动机制；并利用 SPH 软件对典型泥石流启动过程进行数值模拟，对得出的启动机制进行分析验证。

第 1 章

绪论

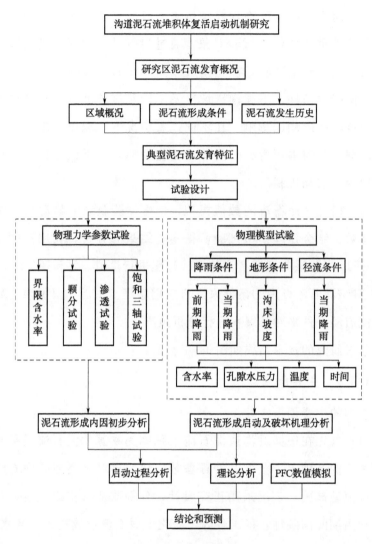

图 1-1　技术路线图

第2章 研究区概况

2.1 地理条件

栾川县位于豫西伏牛山区，行政面积为 2478km²。其地理坐标介于东经 111°11′～112°01′、北纬 33°39′～34°11′，距洛阳市 200km，距省会郑州市 349km。行政区划上东西南北向分别与嵩县、卢氏、西峡和洛宁县交界。县境内以公路交通为主，主要分布有国道 G311、省道洛卢公路、县乡公路等。

2.2 地质水文背景条件

2.2.1 地形地貌

栾川县北部发育有熊耳山脉，中部发育有遏遇岭（伏牛山分支）将县境划分为上下两个流域，南部沟川为伊河流域，北部沟川为小河流域，整个县境西南高，东北低，其中：海拔最高点的鸡角尖为 2212.50m；海拔最低点的汤营村伊河出境处为 450.00m；高差 1762.50m。总计全县山头 9251 个，其中海拔 1000.00～1500.00m

的 4799 个，1500.00m 以上的 2018 个。海拔千米以上的中山区面积 1224.13km²，占全县总面积的 49.4%；海拔千米以下的低山区面积 1253.87km²，占总面积的 50.1%（其中河谷面积 408.87 万亩，占 16.5%）。

2.2.2 气象水文

栾川县属于暖温带大陆性季风气候。根据栾川县气象站 1957—2011 年的降雨资料显示，全县的平均年降水量可达 868.8mm。降雨在年内的分配较不均匀，降雨多集中发生在 6—9 月，降水量占全年降水量的 64.3%，而 7—8 月的降水量可达全年降水量的 40.6%。降雨集中，极易导致洪涝灾害的发生。加之栾川县地形复杂，北川浅山区的年平均降水量在 750mm 以下，而南川深山区的年平均降雨在 900mm 左右，易出现泥石流、洪涝形成灾害。

因此，根据县境内降水差异，全县可划分为三个区域：北部白土—潭头一带，气候温热，年平均气温为 13.7℃，年平均降水量小于 750mm；中部的叫河—大青沟—合峪一带，气候温凉湿润，年平均气温为 12.0℃，年平均降水量为 750～850mm；南部县城—庙子一带，气候寒凉湿润，年均气温 9.4℃，降水大于 850mm。

据栾川县气象站资料，最大日降水量为 159.2mm（2010 年 7 月 24 日），据河南省暴雨图集资料，栾川县百年一遇 1h 降水量为 90～110mm。

2.2.3 地层岩性

栾川县属华北地层区豫西分区，栾川—薄山中晚元古变质地带。受遇遇岭分割，北川地区属华北地层区豫西分区熊耳山小区；南川地区属秦岭地层区北秦岭分区西峡—南召小区。县境出露地层有太古界太华群，古元古界宽坪群，中元古界长城系熊耳群、蓟县官道口群和栾川群，新元古界青白口系陶湾群、古生界奥陶系二郎坪群、新生界古近系和第四系。

2.2.4　地质构造与地震

在大地构造位置上，研究区位于华北地台南缘与秦岭褶皱系北侧衔接部位。由区内地质构造特征，可以划分出三个二级构造单元：马超营断裂以北为华熊台隆；马超营断裂—陶湾断裂为洛南—栾川台缘褶皱带；陶湾断裂以南为北秦岭古元古褶皱带。

2.2.4.1　褶皱构造

研究区盖层褶皱构造主要属于加里东期褶皱，分布普遍，规模较大，奠定了本区构造格架。县境内自北而南有：

（1）白土—狮子庙复向斜构造。由一个开阔向斜和几个线状背斜构成。组成岩性为熊耳群火山岩。该复向斜南翼为北西向断裂破坏，出露不全。

（2）三川—庙子复向斜构造。由4个向斜和3个背斜组成。4个向斜为祖师庙—冷水—马圈向斜、增河口—石宝沟向斜、抱犊寨—南泥湖向斜、三合—石庙复向斜；3个背斜为月沟—黄背岭背斜、清和堂—庄科背斜、大窄峪—常湾背斜。复向斜南北均为断裂切割，构造出露不全。

（3）栗树沟—卡房复单斜构造。组成地层为宽坪群，东西向现状分布，向北倾斜，其南为伏牛山花岗岩吞蚀，其北为栾川—叫河断裂切割破坏。

2.2.4.2　断裂构造

研究区经历多次构造运动，不同时期、不同性质、不同规模、不同方向的断裂极为发育。叫河—陶湾—后坪断裂为华北地台和秦岭褶皱系的分界。常见的和具有一定规模的断裂大体分为三组：第一组为北西西和近于东西向断裂；第二组为北东向和北北东向断裂；第三组位北西向断裂。上述三组断裂的第一组断裂在区内最为发育，规模大、延续时间长，有的为深大断裂，具有长期活动性质。第二组和第三组断裂构造为后期构造，一般规模较小，多为控矿构造。构造如图2-1所示。

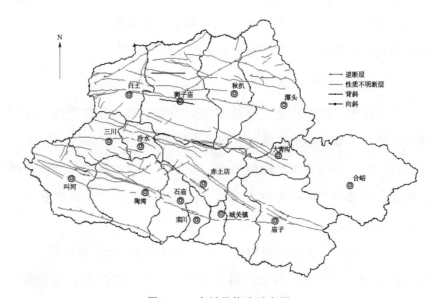

图2-1 栾川县构造示意图

2.2.4.3　中新生代断陷盆地

研究区东部秋扒—潭头一带属中新生代断陷盆地，沿马超营北西西断裂带展布。

研究区内长14km，宽3~4km。自下雁坎，经秋扒、潭头，向东延出县境，总体走向近东西。该盆地内出露地层自北而南由老至新，厚度逐渐增大，反映了这一断陷带接受沉积的古构造条件——北浅南深。在盆地南部接受沉积时，边下陷边沉积，依据区域资料白垩纪、古近纪地层沉积厚度可达千米，形成掀斜式盆地。

2.2.4.4　新构造运动及地震

1. 新构造运动

在区内有新构造运动的明显反映，主要表现在大面积的振荡或者抬升，具体原因如下：

（1）区内存在的较大河流，比如伊河、淯河等普遍发育着三级阶地。

（2）区内次级水系形成的沟谷，基本上属于 V 形谷，部分为峡谷或者障谷。

（3）在碳酸盐岩的分布区，有着三层溶洞地发育，溶洞成层性的发育特征与三级河谷阶地遥相呼应。

（4）现代地壳仍然在断续上升中，1955—1972 年间大地水准测量的结果显示，石人山、老君山一带平均每年上升 2～3mm。

2. 地震

栾川县地跨两个一级构造单元，台槽分界线均为深大断裂，且有长期活动的特点。据史料记载，分别发生于 1556 年和 1615 年的陕西华县和卢氏地震均波及栾川。自 1956—1970 年，栾川共发生有感地震6 次，最大震级 2.6 级。根据《中国地震动参数区划图》（GB 18306—2015），研究区地震烈度大部为Ⅵ度，仅陶湾断裂南部为Ⅴ度。

2.3　栾川县泥石流发育特征

2.3.1　历史泥石流爆发情况

历史上，泥石流总是伴随着洪水灾害而发生的。根据《河南省栾川县地质灾害调查报告》（2002 年）统计数据，栾川县 1951—2001 年汛期降雨主要集中在每年的 7—8 月，其年降水量如图 2 - 2所示。

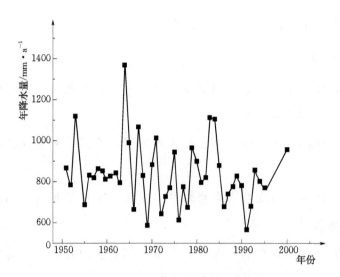

图 2-2　栾川县年降水量变化图

据《栾川县志》（1994 年）里面的记载可知历史上严重暴雨洪水灾害发生情况为：自清嘉庆十八年（1813 年）至 2001 年的 188 年中，发生严重暴雨洪水灾害计 42 次，其中 1848 年、1937 年以及 1953 年、1954 年、1982 年最为严重。暴雨洪水多为一年两次或数次出现。在 1957—1989 年的 32 年中，共现暴雨洪水灾害 72 次，年均 2.6 次，其中出现于 7 月的 29 次，占总数的 40.3%，出现于 8 月的 15 次，占 20.8%。就历史上洪涝灾害情况，以赤土店、大清沟、城关、庙子、陶湾、石庙、狮子庙、潭头等乡镇暴雨较多。

1960 年之后，栾川县的大量植被遭到人为破坏，致使洪水及其引发的泥石流灾害频繁发生。2001 年 7 月 27 日 0—3 时，由于暴雨中心出现在石庙乡和陶湾镇南部界岭一带，降水量近 100mm，因此在石庙乡七姑沟和陶湾镇南沟诱发泥石流，6 人失踪，财产损失达 1000 万元以上。

此外，栾川县分别于 2003 年、2007 年、2010 年经历了三场特大暴雨，尤其是 2010 年的特大暴雨，在县境内引发多处泥石流。

2010 年 7 月 24 日，受暴雨影响，栾川县 14 个乡镇遭受历史罕见洪涝灾害，引发栾川县地质灾害点和地质灾害隐患点多达上百余处，区内多处爆发泥石流。在此次泥石流爆发之前降雨已达半月之久，据栾川县气象站统计：7 月 23 日 20 时—24 日 20 时转为特大暴雨，最大 6h 降水量达 100.5mm；雨量主要集中于 24 日 10—14 时；据统计当月降水量近 420mm，成为中华人民共和国成立以来的历史最高值。此次群发性泥石流共造成 68 人死亡，21 人失踪，部分学校、卫生院、矿山选厂的建筑物遭到损坏，局部公路交通中断等，直接经济损失约 19.8 亿元。给人民群众造成严重的财产损失，也给当地造成了重大的经济损失。

总结资料收集和野外访问的结果，栾川县自 1953 年以来发生的大范围泥石流灾害时间分别为 1954 年、1964 年、1975 年、1984 年、2001 年、2010 年，平均约 10 年 1 次，这说明栾川县境内大范围泥石流活动总体频率较低，并且县境内各区域的下垫面条件和降雨条件存在差异，使得县境内泥石流常不具群发特点，但却有区域群发特点。其中石庙乡七姑沟和陶湾镇南沟在历史上多次爆发泥石流，虽规模大小不等但活动频率较高，威胁对象较多，造成危害较大。

2.3.2　泥石流分布特征

根据河南省地质环境监测总站所做的《河南省栾川县地质灾害调查与区划报告》（2002 年）可知，通过调查，当时全县范围内已查明的泥石流为 30 处，如图 2-3 所示。

栾川县泥石流多发生于降雨集中的 7—9 月，并且呈现区域群发特点。栾川县境内泥石流空间分布特征具有明显的规律性。分布范围主要沿着雨量高值区、地貌过渡区、主要断裂、河谷、交通干线展布，在人类活动区附近也比较集中，呈区域性集中的特点。

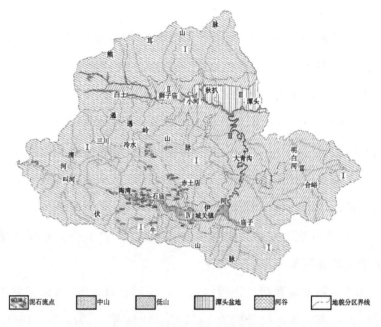

| 泥石流点 | 中山 | 低山 | 潭头盆地 | 河谷 | 地貌分区界线 |

图 2-3　栾川泥石流灾害分布图

根据调查结果显示，泥石流爆发点多集中于栾川—石庙-陶湾一带，该区域处于低山—中山过渡区，相对高差大，地形复杂，多陡坡深谷，沟岔交织，为泥石流形成提供地形条件。另外，陶湾断裂带于此地区横向穿越，长期活动形成了性质各异纵横交错的多组节理，破坏了岩体的完整性，降低了岩体的强度和稳定性，岩石风化作用加强，为泥石流形成提供了物源条件。研究区内数条泥石流沟历史上多次发生泥石流，老泥石流堆积物为近年来泥石流爆发提供主要物源。

2.3.3　泥石流形成条件

栾川县曾多次爆发泥石流。2010 年 7 月 24 日爆发的历史罕见泥石流灾害更是导致了重大的人员财产损失。栾川县泥石流灾害多发与其特有地质环境特征密切相关。泥石流灾害的形成必须具备地形地貌、降雨和物源三个基本条件。这三个基本条件中既包括地质、地形及降雨特征等自然背景因素，也包括人类活动对环境造成影响的人为因素。由于栾川县其矿产资源丰富，其中钼矿最为丰富，因此县境内矿业开采历史悠久，县境内部分地区人为改造严重，主要包括破坏森林植被、矿渣堆放、筑路弃碴、陡坡耕作、挤占河道等导致流域环境恶化的现象，人为加重了泥石流的危害程度。

1. 地形地貌条件

栾川县位于豫西腹地深山区，境内山岭纵横，层峦叠嶂，地势险峻，沟岔交织，共有高低山头 12200 个，大小沟岔 8550 条，形成复杂多样的地貌类型。该县境内中低山区地形特征为沟谷沟道长，切割较强烈，山高坡陡，高低悬殊。坡度多在 15°～25°，但在沟道两侧则多在 25°～40°，大于 25°斜坡地区，坡体上松散坡积物在暴雨作用下，逐渐饱和进而转化为坡面泥石流。而坡度 10°～25°的丘陵区有利于面状侵蚀，该种情况以城区南部数条冲沟和潭头一带低山丘陵区泥石流土质及细粒物质居多较为典型。

栾川县境内大部分沟谷流域形态呈漏斗形或扇形，这种地形有利于降水在短时间内汇集；另外，沟床坡降一般在 120‰～300‰，流速快，利于冲蚀沟岸、坡面及主沟床的物质，为泥石流的形成和流动提供了足够的能量。显然，该流域地形条件极有利于泥石流的形成。一般地，沟床比降在 100‰～500‰发生泥石流的可能性较大。

2. 降雨条件

降雨既是组成泥石流的水体条件，也是形成泥石流的动力条件。一般情况下，当前期降雨充足，而当期降水量和强度又较大时，较大规模的泥石流才会形成。当降雨强度较小时，流域上游沟道内产生的径流水深和流速较小，只能携带和搬运沟道内细粒物质，而粗粒物质滞留在沟道内。在暴雨情况下，如果前期降水量充足，雨水充分饱和沟道内土体，使其强度降低，后在短时强降雨的激发下，上游沟道径流如同消防水管快速集中，并且强烈冲刷和侵蚀堆积在沟道内的松散固体物质，使其启动形成泥石流。由于沿途沟道内的堆积物不断被冲刷启动，泥石流体携带的固体物质如同"滚雪球"一般快速增大，泥石流体的冲刷侵蚀能力不断增大，形成规模较大的以掀揭沟道物质为主要固体物质来源的水力类泥石流。由于栾川县境内植被条件良好，泥石流沟流域的植被覆盖率基本大于80%，并且大部分沟道两侧陡坡基岩出露，坡面径流主要以清水汇入沟道形成径流，县境内泥石流主要为清水激活型。

境内平均降雨水平虽稍高，但局部暴雨常由山区小气候特征所控制，而暴雨中心呈游离间歇发作的特征，大范围泥石流沟谷发生频率较低，类似1953年、1975年等年份的境内普降暴雨，形成无村不受灾的情况是较为罕见的。

3. 物源条件

栾川县境内泥石流的物源主要有坡面剥蚀、沟床刨蚀、沟岸崩、滑堆积物和采矿弃渣等5种，这些均为泥石流爆发提供了物质基础。主要物质来源有如下形式：

（1）构造带岩性破碎与崩塌。该类以伊河南侧大南沟、城寺沟、七姑沟等较为典型。陶湾断裂横向穿越上述河谷，由于该断裂为活动断裂，长期活动形成了性质各异的多组节理，纵横交错的节理把岩石切割成大小不等形态各异的块体，破坏了岩体的完整性，降低了岩体的强度和稳定性，岩石风化作用加强，为崩塌形成了有利条件。各支沟床中堆积的巨大块石均为崩塌作用的结果。

（2）岩性风化、软岩软化。伊河南侧泥石流沟中上游的燕山期花岗岩，致密坚硬，受构造作用影响，断裂破碎剧烈，构造结构面发育，易发生崩滑塌。岩石中长石、石英类矿物颗粒粗大，以中粒、粗粒状为主，沿裂隙风化作用十分强烈，具有较强的球状风化特征，风化厚度局部可达10m，构成泥石流丰富的物源。

伊河南侧泥石流沟分布有元古界片岩，受多期构造影响导致裂隙发育，风化严重，在降水作用下，力学强度降低明显，上覆岩层易沿该层出现变形破坏提供物源。

该区部分地段分布有第三系泥岩、砂岩及砂砾岩，其产状平缓，大部分裸露地表。其泥岩易遇水崩解，砂岩与砂砾岩成岩程度低，易风化崩解，为泥石流提供物源。

（3）残坡积、冲洪积物的再搬运。该区沟道两侧斜坡表层有残坡积，沟道内沉积有冲洪积物质，厚度不等，一般0.5～5.0m，这些物质在人工开垦破坏及降水作用下以水土流失或崩塌与滑坡形式进入沟道，为泥石流提供物源。

（4）采矿废渣及筑路弃渣。县境内矿产丰富、种类齐全，且以热液型矿床居多，故采矿点多位于构造带上。采矿历史长，采矿企业众多，开采井点分布广。除了人为采矿活动对植被及微地貌的破坏之外，采矿废渣及尾矿产生更严重的地质灾害隐患，并且形成了一系列的不稳定人工边坡。全县目前虽建有尾矿库55个，废矿石排放场不计其数。废矿石排放场多位于沟谷中上游，尾矿库则多建于沟谷较为开阔之处。虽然大多数尾矿库坎部建有监护责任制度，但个别弃矿尾矿库仍存在较大隐患。现有尾矿库以赤土店、冷水、陶湾三镇较为集中，占全县尾矿库总数65%。近几年筑路弃渣日益增多，局部森林植被遭受破坏。如十方院沟，老君山旅游线路的开辟，沿途产生大量的碎块石倾倒于沟谷中，形成泥石流物源。

（5）沟道泥石流堆积体。栾川县自20世纪60年代以来植被大量破坏，水土流失严重，历史上多次发生泥石流，其能量有所不同，造成泥石流物质多次堆积于沟道内较平缓地段，且多堆积巨石、块石，在强降雨作用下作为物源复发泥石流。野外调查显示，"7·24"泥石流中多条泥石流沟都有泥石流堆积物启动泥石流活动。其中以柿树沟最为典型，在其中下游地区存在着大量泥石流堆积体。

2.4　柿树沟泥石流发育特征

柿树沟位于栾川县石庙镇常门村，属伊河一级支流，如图2-4所示。历史上柿树沟曾经多次爆发泥石流，根据野外调查显示，柿树沟内存在大量以往泥石流爆发时形成的堆积物，尤其以沟谷中下游平缓地带居多，这些泥石流堆积体为"7·24"泥石流形成的主要物源。由于平时沟道内水流流量较小，当地居民将沟道内留存的堆积体改造为耕地。堆积体上游1100m以上为花岗岩区，植被覆盖近85%，为泥石流汇水区。

当2010年7月24日，该沟爆发泥石流时，泥石流将下游耕地全部冲毁，沟道淤积近300m。

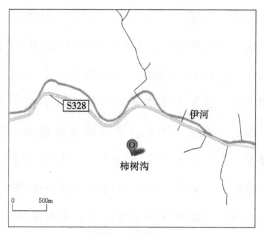

图2-4　栾川县柿树沟地理位置示意图

2.4.1 泥石流形成条件

1. 地形地貌条件

柿树沟位于石庙镇常门村，流域处在海拔 1000.00～2000.00m 的中低山流水侵蚀地貌区，地形多为深切割或强切割高山陡坡深谷，沟壑纵横，谷深山高，以悬崖峭壁纵横相连。图 2-5 为柿树沟流域的 Google 影像图。

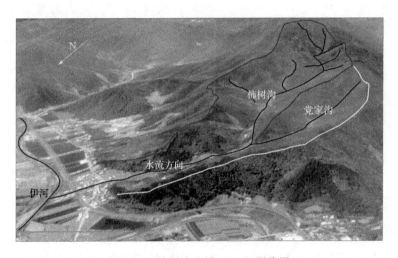

图 2-5　柿树沟流域 Google 影像图

柿树沟泥石流流域面积为 1.17km²，沟长约 2.4km。大量泥石流沟的统计资料表明，易发泥石流的流域面积多在 0.5～10km²，太大或太小的流域都不易发生泥石流。柿树沟流域面积恰好在该范围内，说明其属于易发泥石流流域。若以伊河作为水系的干流，则柿树沟属于一级支流，党家沟属于伊河的二级支流。柿树沟具有八条主要一级支沟，以党家沟最长。整个流域水网形态呈树枝形，流域汇流时间较短，有利于泥石流的形成，如图 2-6 所示。

柿树沟呈 V 形沟谷。沟谷右侧坡谷较左侧坡谷更陡，其中左侧谷坡倾角 42°，右侧谷坡倾角 55°，属于重力侵蚀陡坡。柿树沟流域

图2-6 柿树沟平面图

相对高差 441.00m，平均纵坡坡降 206.46‰，属于泥石流易发坡降范围内。其上游地区，纵坡较大，使得上游易形成势能较大的水流，到中下游开始，纵坡变缓，甚至接近于零，经野外调查，该地区存在大量泥石流堆积物，可认为其是以往泥石流的堆积区。随后到下游地区，纵坡开始小幅增加，而后又变缓直至沟口，这段平缓区域是"7·24"泥石流的堆积区。

20 世纪 50—60 年代，该区域植被被大量砍伐，导致山体岩石裸露，崩塌时常发生，沟道内物源丰富，导致柿树沟曾经多次发生泥石流。直到 20 世纪 90 年代，大量植树造林，生态得以修复，现在植被发育茂盛，覆盖率约为 90%。其中，地表植被森林覆盖率约占 60%，灌木及农田约占 30%。由于柿树沟上游段纵坡降较大，而沿沟两侧山坡较陡，并且两侧基本都是岩质山坡（图 2-7），这导致降雨过程

（a）

（b）

图2-7 柿树沟两侧的岩质山坡

中坡面径流主要以清水汇入沟道形成径流,加之柿树沟上游区域地形坡度较大,支沟发育,水流快速汇集,沿程不断补给径流能量,使得径流流动过程中动能不断增加,在到达中下游平缓地带时,冲刷拖拽泥石流堆积体,使其启动形成泥石流。

2. 降雨条件

柿树沟泥石流为暴雨型泥石流,降雨为其主要的诱发因素。因为当期降水量越大,泥石流越容易达到饱和,随后饱和的物源土体无法使接下来形成的降雨入渗,形成径流。而随着进一步的降雨,径流量逐渐汇集并增大,形成强烈的地表径流的概率越大。同时径流引起水压力和孔隙水压力增大,增大物源土体入渗补给与其自重,使物源土体的力学强度降低最终失稳,引发泥石流;而强烈的地表径流是泥石流形成的主要原因,可以为泥石流提供强大的动力条件,冲刷、侵蚀与侧蚀松散堆积物形成泥石流。

柿树沟所在的石庙镇在地理位置上非常接近栾川县城,因此以栾川县气象站观测资料说明柿树沟的降雨条件。栾川县为河南省暴雨中心部位,降水量较大。根据栾川县气象站 1957—2011 年降雨资料,平均年降水量为 818.8mm,年际变化较大,最大年降水量为 1370.4mm(1964 年),最小年降水量为 564.9mm(1991 年),如图 2-8 所示。

降水年内分配不均匀,降水多集中在 6—9 月,占全年降水量的 64.3%,而 7—8 月降水量占全年的 40.6%。因而泥石流也多在这一时段内爆发。图 2-9 为栾川县气象站观测 2010 年月降水量分布图,可以看出降水主要集中在 7—8 月。1957—1989 年,共出现暴雨洪水灾害 72 次,年均 2.6 次,其中出现于 7 月的 29 次,占总数的 40.3%,出现于 8 月的 15 次,占 20.8%。

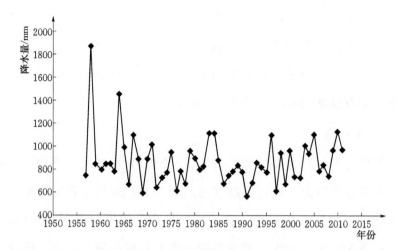

图 2-8　1957—2012 年栾川县降水量

历史实测 24h 降水量最大达 373.3mm，最大 6h 降水量 199.9mm，最大 1h 降水量 39.85mm，据《河南省暴雨参数图集》(2005) 资料，栾川县百年一遇 1h 降水量达 90~110mm。如此大的降雨，形成径流量大，易推动松散堆积物混合形成泥石流。

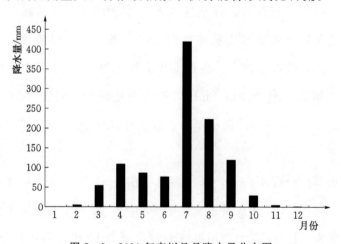

图 2-9　2010 年栾川县月降水量分布图

3. 物源条件

根据野外对柿树沟沟道两旁残留物质的调查，可以得出在"7·24"泥石流未发生前沟道内物源的分布情况如下：上游沟道堆积物丰富，以大粒径块石为主，厚度为1～3m，"7·24"泥石流期间基本保持原状；中上游沟道堆积物较少，厚度为0.2～0.5m，"7·24"泥石流期间大部分作为物源被带走；中下游存在大量泥石流堆积体，厚度1～4m，以距离沟口800～1200m范围内最多，厚度为3～4m，"7·24"泥石流期间大部分作为主要物源被带走。

对"7·24"泥石流的形成产生重要影响的是位于中下游宽缓地区的沟道泥石流堆积体（图2-10）。从残留的泥石流堆积体来看，其以砂砾石混杂大量碎石、漂石及部分巨石，粒径以20～200mm居多，约占85%，岩性以花岗岩、石英片岩及石英岩为主。

（a）　　　　　　　　　　　　　（b）

（c）

图2-10　柿树沟中下游泥石流堆积体

2.4.2　"7·24"泥石流主要特征

泥石流流域可以划分为清水区、形成区、流通区和堆积区。流域上游不提供或极少提供物源的区域为清水区；形成区是提供具有一定势能物源的区域；流通区为泥石流形成区与堆积区之间的区域；泥石流堆积的范围为泥石流堆积区，依据堆积物的堆积时代，还可以进一步划分为古、老泥石流堆积区和现代泥石流堆积区[2]。

1. 泥石流由强降雨激发

2010 年 7 月 23 日 20 时—24 日 20 时，栾川县气象站观测最大降水量达 250～300mm，为百年一遇。极端的短历时强降雨天气使柿树沟爆发泥石流。图 2-11 是栾川县气象站 2010 年 7 月的日降水量分布图，从图中可以看出在"7·24"泥石流爆发前，前期累积降水量也比较大，这也是此次泥石流爆发的原因之一。

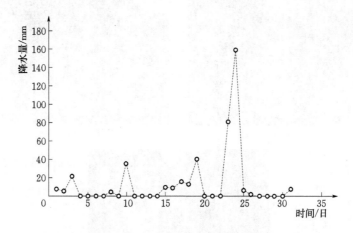

图 2-11　2010 年 7 月栾川县日降水量分布图

据栾川县气象站统计，7 月 23 日 20 时—24 日 20 时转为特大暴雨，最大 6h 降水量达 100.5mm；雨量主要集中于 24 日 10—14 时；据统计当月降水量近 420mm，也为中华人民共和国成立以来历史最高。降雨详细情况如图 2-12 所示。该降雨统计数据与泥石流爆发时间相吻合，因此柿树沟泥石流诱发原因为 2010 年 7 月 24 日的强降雨。

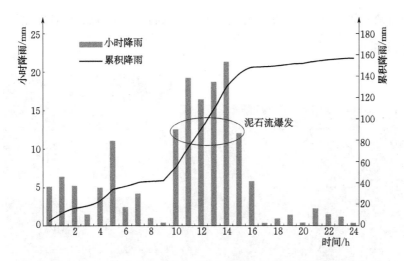

图 2-12　2010 年 7 月 24 日栾川气象站观测小时降水量和累积降水量

2. 泥石流为沟床启动型

2010 年 7 月 24 日，柿树沟流域遭受短历时强降雨作用，大量降水形成地表径流，短时间上游来水暴涨，沟道来不及排水，径流水深不断增加，快速汇集于主沟的径流形成强劲的山洪，猛烈冲刷沟道内的泥石流堆积物，形成一股强大的冲刷拖拽侵蚀力，沟道泥石流堆积体表面强度下降，随径流一层一层搬移，最后出现"揭底"现象，洪流随着沟道泥石流堆积物搅拌变稠，最后形成泥石流。泥石流快速顺沟下涌并强烈冲刷沟床，掏蚀沟道内的泥石流堆积体，将其卷入流体中带走，使泥石流规模不断增大。从形成机制分析，"7·24"泥石流的形成具有水流掀动揭底沟道泥石流堆积物的特征，为沟床启动型泥石流。

图 2-13 给出了泥石流堆积体在"7·24"泥石流前后的变动情况。从图中可以看出，靠近上游的泥石流堆积物所处沟道较窄，比降较大，几乎沿着沟底基岩面被全部冲走，而位于宽缓地带的泥石流堆积物，由于水流流经此处时水流面变宽，流速降低，并且随着

泥石流的形成不断下切泥石流堆积体，因此只是携带了部分泥石流堆积物。

（a）

（b）

（c）

图 2-13　沟道泥石流堆积体变动情况

　　此处堆积体并非一次泥石流形成，而是由多期泥石流堆积而成。根据现场调查发现，在堆积体中存在泥沙互层的现象，如图 2-14 所示。这说明此处的堆积体是经历了多次泥石流堆积和沟谷流水沉积，为了便于描述，本书将此处堆积体统称为泥石流堆积体。

图 2-14　泥石流堆积体中的泥沙互层现象

图 2-15 给出了泥石流堆积体分布区的沟道形态，泥石流堆积体处于沟道内一段宽缓的地带，所在区域形如一个藕节，中间宽而两边窄。泥石流堆积体所在区域上游沟床比降较大，沟道较窄，到泥石流堆积体区域逐渐变宽变缓，沟床比降接近于零，甚至为负。随后沟床比降开始增大，沟道变窄，继续往下游后沟道又进一步变宽。

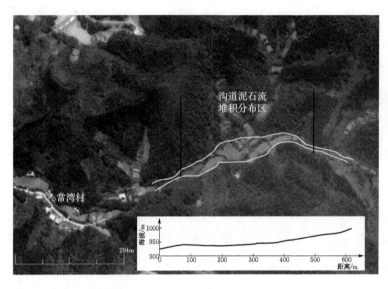

图 2-15 泥石流堆积体分布区沟道形态

2.5 本章小结

本章简要介绍了栾川县自然地理条件、地质环境特征、泥石流历史爆发情况以及泥石流形成条件，接着从柿树沟泥石流形成条件、"7·24"泥石流特征方面阐述了柿树沟泥石流的发育特征。主要结论如下：

（1）栾川县处于中低山-中山过渡区，地形条件复杂；栾川县地质构造发育，县境岩土体主要为片岩和花岗岩等易风化的地层；栾川县降雨条件丰富，年平均降水量达到 868.8mm。由此可见，研究区地质环境质量较差，这是导致泥石流发生的根本因素，丰富的降雨条件则是泥石流激发的主要因素。

（2）柿树沟泥石流形成条件非常有利。柿树沟流域面积适中，谷坡坡度较大，平均纵坡坡降属于泥石流易发坡降范围内；栾川县降雨丰富，年平均降水量为 818.8mm，降雨多集中在 6—9 月，降水量可达 100mm/h；柿树沟内物源为沟床堆积物和沟道泥石流堆积体，大量分布于中下游地区。

（3）柿树沟"7·24"泥石流的主要物源为沟道泥石流堆积体，其主要分布于沟道内的宽缓地带，是由于以往泥石流规模不及"7·24"泥石流而形成。在充足的前期降雨情况下，沟道泥石流堆积体快速饱和，抗剪强度明显降低，同时地表径流的冲蚀作用和挟沙能力增强，为泥石流的启动提供了条件。

（4）极端强降雨和丰富的前期降水量是导致柿树沟"7·24"泥石流爆发的关键。"7·24"泥石流的形成具有水流掀动"揭底"沟道堆积物的特征，为沟床启动型泥石流。由于柿树沟人为改造较为严重，从沟口往上游开垦成种植地，在沟道泥石流堆积体处修建房屋，占用了沟道原有天然径流空间，在洪水时期极大地削弱了沟道过水能力，导致泥石流爆发时损失增大。

第3章 柿树沟泥石流物源物理力学参数试验研究

3.1 颗分试验

取样点为柿树沟泥石流沟道内留存的物源土体，即以往泥石流形成的堆积体。因为该物源土体中固体颗粒大小差异较大的原因，颗分试验分为原位和室内试验两部分进行，其中对于粒径大于 60mm 的卵砾石采用原位试验，对泥石流堆积物的测量如图 3-1 所示。对于粒径不大于 60mm 部分的砾石土取样进行室内试验，如图 3-2 所示。最后结合两种试验结果以得出柿树沟泥石流物源土体的颗粒级配特征。

（a）柿树沟泥石流堆积区厚度测量　　　（b）柿树沟泥石流堆积区粒径测量

图 3-1　柿树沟"7·24"泥石流堆积物测量

（a）筛析法试验

（b）密度计法试验

图 3-2　柿树沟泥石流堆积物颗分试验

原位试验采用在泥石流堆积区拉 50m 测绳，取每米标度所在粒径大于 60mm 的样品测量粒径、记录岩性的方式，并对不同粒径范围的大粒径卵砾石进行现场称重和比例计算的方法。

室内实验采用对泥石流物源土体不大于 60mm 粒径的部分进行室内颗分试验的方式。试验采用筛析法和密度计法联合分析其粒度成分。先用筛析法分离出大于 0.075mm 的颗粒，然后用密度计法继续分析小于 0.075mm 的粒度组成。通过密度计法，测得样本黏粒含量为 13.92%。

在原位大颗分试验和室内小颗分试验的基础上，结合试验结果即可获得柿树沟泥石流物源土体样本的颗粒全分析结果，见表 3-1。柿树沟泥石流堆积体全粒径颗分累积曲线如图 3-3 所示。

表 3-1　　　　柿树沟泥石流堆积物颗粒全分析结果表

颗　粒	砾　　　粒					
粒径/m	＞200	200～60	60～40	40～20	20～10	10～5	5～2
含量/%	0	10.90	8.94	9.04	4.16	9.31	30.54

颗　粒	砂　　　粒			粉粒与黏粒	
粒径/m	2～1	1～0.5	0.5～0.25	0.25～0.075	＜0.075
含量/%	7.4255	7.60	3.02	4.95	4.1423

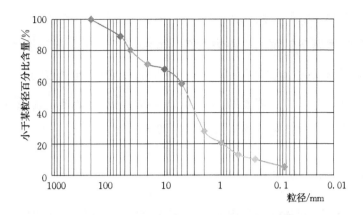

图 3-3 柿树沟泥石流堆积体全粒径颗分累积曲线

在确定各组颗粒含量的百分数的同时，还计算了颗粒组成的特征值，工程上常用不均匀系数 C_u 和曲率系数 C_c 来评价土的颗粒级配情况，其中

$$C_u = \frac{d_{60}}{d_{10}} \qquad\qquad (3-1)$$

$$C_c = \frac{(d_{30})^2}{d_{60}d_{10}} \qquad\qquad (3-2)$$

式中 d_{60}——小于此粒径的颗粒含量为 60%，取 7mm；

       d_{30}——小于此粒径的颗粒含量为 30%，取 3mm；

       d_{10}——小于此粒径的颗粒含量为 10%，取 0.26mm。

通过表 3-1 和式（3-1）、式（3-2）计算可得，柿树沟泥石流其物源土体的不均匀系数为 $C_u = 26.92$，曲率系数为 $C_c = 4.95$，可认为其粒径分布不均匀，泥石流组成粗细颗粒极配良好，这样的颗粒级配分布有利于堆积体中粗颗粒的间隙被细颗粒所填充。

从颗分曲线上可以看出柿树沟泥石流体中细颗粒（小于 2mm）含量低于 50%，而粗颗粒含量大于 50%。根据郭庆国[96]关于粗粒土的定义：粒径 0.1～60mm 颗粒含量（质量比）大于 50% 的土石混合料称为粗粒土。物源土体中粒径为 2～5mm 颗粒所占比重最大，达到 30.54％，远远大于其余粒径范围内的颗粒含量。显然柿树沟泥石流物源土体属于粗粒土，渗透性好，雨水可以快速入渗到土体内部，这为泥石流快速启动创造了条件。同时由于物源土体位于沟床上，在短时强降雨或者降水量较大的条件下易形成强烈的地表径流，汇集到沟道中，使其易被冲刷带走，形成泥石流。

3.2　X 衍射试验

X 射线衍射分析是利用晶体形成的 X 射线衍射，对物质进行内部原子在空间分布状况的结构分析方法。将具有一定波长的 X 射线照射到结晶性物质上时，X 射线因在结晶内遇到规则排列的原子或离子而发生散射，散射的 X 射线在某些方向上的相位得到加强，从而显示与结晶结构相对应的特有的衍射现象。X 射线衍射仪利用衍射原理，精确测定物质的晶体结构、织构及应力，精确地进行物相分析、定性分析、定量分析。

由于柿树沟泥石流物源土体性质为粗粒土，而岩石矿物成分的不同会导致其物理性质等的差异，因此对物源土体中粗颗粒的矿物成分进行分析具有一定的必要性。采用对样本进行半定量的 X 射线衍射分析试验方法，试验地点为中国地质大学（武汉）地质工程与矿产资源国家重点实验室。试验结果见表 3-2 和图 3-4。

表 3-2　　　　柿树沟泥石流堆积物 X 射线物相分析

样品矿物成分	伊利石	石英	长石
百分比/％	5	60	35

可看出物源土体中的粗颗粒岩性以石英和长石为主，这点和调查中沟道两侧山体岩性以花岗岩为主相符合。

其中石英和长石其硬度较大，性质比较稳定。伊利石粒度小，

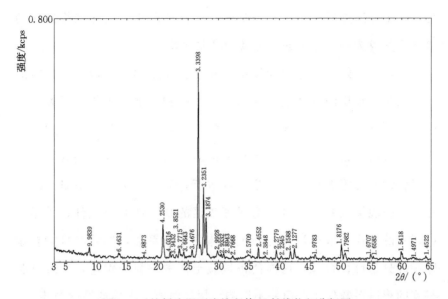

图 3-4　柿树沟泥石流堆积体 X 射线物相分析图

表面光滑而无膨胀性能，大大减少了泥石流土石体内部的摩阻力，起到润滑作用并使其容易产生滑动，从而促进了泥石流的发展和形成。但伊利石经长期风化淋滤而产生脱钾作用后，吸水膨胀性增强，干缩特性加速了岩体崩解和风化，在坡体上形成大量松散固体物质，伊利石的湿胀为泥石流的形成提供了丰富的物源。但由于其含量较少，影响也是极其有限的。

3.3　渗透试验

《水电水利工程粗粒土试验规程》（DL/T 5356—2006）将0.075mm 粒径 $d<60$mm 的含量大于 50% 的土划分为粗粒土。柿树沟泥石流土体颗粒分析数据显示，其粒径大于 0.075mm 的颗粒含量占 70%（根据实际数据调整这个数值）以上，因此将柿树沟泥石流土体界定为粗粒土。由于粗粒土中粗粒骨架的架空作用，其渗透系数一般较大，试验数据常表现出较大的离散性。而在泥石流形成过

程中，土体渗透系数是影响启动条件的重要因素，因此测得准确的渗透系数成为一个重要的室内试验研究课题。

目前国内外多是通过现场试验获取粗粒土渗透系数的，取得的参数虽然能够反映真实的土体特征，数据相对准确可靠，但离散性也较大，且需要花费一定的人力、物力、财力，且并不是所用的工程都具备试验条件。因此，有时也根据前人研究的经验公式，对相似工程性质的粗颗粒土的渗透系数进行计算和选取。本书研究时虽然不具备现场试验的条件，为保证数据的真实性和有效性，采用室内试验的方式获取柿树沟泥石流土体的渗透系数，试验时可能要剔除一部分超粒径颗粒，这样使得试验土体平均粒径偏小，导致试验得到的渗透系数偏小，但并不影响柿树沟泥石流土体的渗透规律。

渗透试验是利用一些试验器具测定岩土体的渗透系数的试验，在实验室中测定渗透系数 k 的仪器种类和试验方法很多，但从试验原理上大体可分为"常水头法"和"变水头法"两种。

其中常水头试验适用于测定透水性较好的砂性土的渗透参数。常水头试验即在整个试验过程中保持水头为一常数，从而水头差也为常数。试验时，在透明塑料筒中装填截面为 A、长度为 L 的饱和试样，打开水阀，使水自上而下流经试样，并自出水口处排出。待水头差 Δh 和渗出流量 Q 稳定后，量测经过一定时间 t 内流经试样的水量 V，则：

$$V = Qt = vAt \tag{3-3}$$

根据达西定律：

$$V = ki \tag{3-4}$$

则：

$$V = k\left(\frac{\Delta h}{L}\right)At \tag{3-5}$$

从而得出：

$$k = \frac{QL}{A} \Delta h \qquad\qquad (3-6)$$

由于柿树沟泥石流物源土体性质为粗粒土，因此，采用常水头法进行试验，以获取其饱和渗透系数。试验采用室内自制的常水头渗透仪，如图 3-5 所示，与 TST-70 型渗透仪作用相仿，仪器装样桶直径 7cm、高 37cm，测压管孔距为 19.7cm，由于装样桶对试验土体颗粒大小有限制，根据《土工试验规程》（SL 237—1999），对于样本中粒径大于 5mm 的部分采用剔除法处理。由已有研究可知，一定级配的土料在一定的干密度下，渗透系数是一个固定的值，说明土的渗透系数与土的级配和孔隙比存在某种相应的关系，试验制样干容重根据野外大颗粒分析试验确定，配样干密度为 1.63g/cm³。

图 3-5　自制常水头渗透仪

自制的常水头渗透仪由试样桶、测压管、进水管、排水管、水箱和固定设备等组成，试样桶侧面设有三个测压管接口，引出三根测压管，固定于墙壁之上，并在测压管上标示刻度，以读取水头变化，进水管与水箱相连，固定于试样桶桶口之上，试样桶下部连接另一进水管，试验中用来注水和调节水头差。另外，装样时，使装样桶上部预留5cm的空间，用来控制常水头。

将天然含水状态下的泥石流体粗粒土分层填实装样后，使下部进水口与水箱装置连接，水由下向上进入试样桶，直至试样桶盛满水，土体内部及测压管内不再排出气泡，再继续饱和24h，使试样充分饱和。然后，将水箱与上部进水管连接，下部进水管用来调节不同的水位差。

试验开始时，使试样桶上部水位一直处于溢出状态，即保持5cm的常水头，开动秒表，同时用量筒接取经时间 t 由出水管排出的水量 Q，并记录各测压管的水头高度 H 及出水口的水温 T，按上述公式计算渗透系数（k_s），并进行温度校正，求其平均渗透系数。试验结果见表3-3。

表3-3　　　　　　　渗透系数试验结果

时间 t/s	水位差/cm	水力坡度	渗透水量 Q /cm³	水温20℃时渗透系数 / (mm·s⁻¹)
337.5	3.1	0.16	19.8	0.103
678.2	3.1	0.16	41	0.106
293.8	8.6	0.44	53	0.114
180.6	8.6	0.44	32	0.112
230.2	14.7	0.75	77	0.124
180.2	14.7	0.75	61	0.125

由实验结果可以得出，平均渗透系数为0.114mm/s。可以看出，土体渗透性较黏性土大得多，这使得雨水很容易渗入土体内部，并在短时间内改变土体的力学性质，软化土体，从而使泥石

流迅猛爆发，泥石流土体良好的渗透性为泥石流形成和启动创造了有利条件。

由于水处于层流状态时，渗透系数 k_s 是由土壤性质决定的，各种不同组成的土壤的渗透系数不一致[97]，见表3-4。

表3-4 各种不同级配土壤的渗透系数

渗透系数单位	黏 土	亚黏土	轻亚黏土	黄 土	粉 砂
mm/min	$<3.6\times10^{-3}$	$0.36\times10^{-2}\sim6\times10^{-2}$	$0.06\sim0.36$	$0.18\sim0.36$	$0.36\sim0.6$
mm/30min	<0.11	$0.11\sim1.8$	$1.8\sim10.8$	$5.4\sim10.8$	$10.8\sim18.0$
mm/24h	<5	$5\sim100$	$100\sim500$	$250\sim500$	$500\sim1000$
渗透系数单位	细 砂	中 砂	粗 砂	砾 石	卵 石
mm/min	$0.6\sim3.6$	$3.6\sim12.0$	$12.0\sim36.0$	$36.0\sim60.0$	$60.0\sim360.0$
mm/30min	$18.0\sim108.0$	$108\sim360$	$360\sim1080$	$108\sim1800$	$1800\sim10800$
mm/24h	$5\times10^3\sim$ 10×10^3	$5\times10^3\sim$ 20×10^3	$2\times10^4\sim$ 5×10^4	$5\times10^3\sim$ 20×10^3	$10^5\sim$ 5×10^5

对照表3-4可知，泥石流土体试样渗透系数位于粗砂渗透系数范围内，该结果与颗分试验结果基本一致，但由于试验时将粒径大于5mm的颗粒进行剔除，一定程度上改变了土体的性质，因此，实际情况的泥石流土体的渗透系数取值要更大一些。

3.4 大型直剪试验

在降雨作用下，物源土体的抗剪强度随着饱和度的增加而变化，当其小于剪切力时会出现剪切破坏[98]，在强降雨条件下，易形成泥石流[99]。而在含水率相同条件下，不同密实程度的土体其抗剪强度也是不同的。因此，通过直剪试验对岩土体施加剪切力（或剪切位移）进行试验的方法一直受到重视。大型直剪仪由于试样尺寸较大，可以更大限度地保存研究对象的土体级配特性，更为准确地测定土体强度[100]。因此，通过大型直剪试验，对柿树沟泥石流物源土体抗剪强度与饱和度及土体密实度的关系进行研究，分析土体特征变化对其抗剪强度的影响，对该类型泥石流启动的研究具有重要意义。

3.4.1 试验设备与材料

STJY-5型直剪仪如图3-6所示。该仪器传感度精度高，是目前国内较先进的土工合成材料检测试验仪器，数据获取直观精确。其上、下盒长宽均为30cm，上盒高为6cm，下盒高为8cm，盒壁厚为2.5cm，剪切面积为0.09m²。

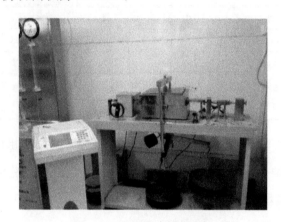

图3-6 STJY-5型直剪仪

试验所用土样取自柿树沟内留存的以往泥石流爆发形成的沟床堆积体，试验采用粒径≤60mm的重塑土样。对超粒径部分颗粒需要进行处理，目前对超粒径处理的方法常用的有剔除法、等量替代法、相似级配法等[101]。

剔除法是将代表性级配中超径料剔除掉，该方法简单、方便。但因剔除了部分超径大颗粒，使细料含量相对增大，引起颗粒组成和性质变化，因此，该方法宜在超径料含量不大于10%范围内使用。根据表3-1，超粒径部分含量为10.9%，采用剔除法对实验材料进行处理。处理前后的颗粒累计曲线图如图3-7所示。

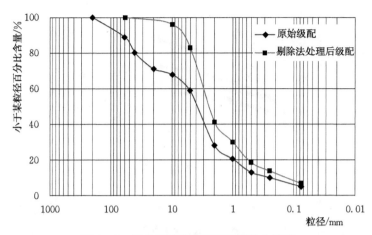

图 3-7　原始和试验土样颗粒累计曲线图

试验中首先控制土样干密度为 $1.65g/cm^3$，设计土样饱和度分别为 18%、50%、75% 和 100% 进行配样，其对应的质量含水率分别为 4.2%（天然含水率）、11.72%、17.57% 和 23.43%；接着试验中分别控制干密度为 $1.75g/cm^3$、$1.85g/cm^3$ 的土样在 4 种不同饱和度条件下配置土样。在配置同种饱和度时需将土样静置以使水分充分消散，在配置同种干密度时需保证土样中干密度均匀一致。

剪切时为不固结快剪，剪切时尽量使土样与剪切盒充分接触。控制位移速度为每分钟 0.8mm，当位移达到 16.8mm 时停止试验。剪切时土样加载的垂直压力分别为 50kPa、100kPa、150kPa、200kPa。

3.4.2　试验结果与分析

3.4.2.1　水平剪切力和水平剪切位移的关系

针对 3 种不同干密度的土样进行试验，对剪切过程中干密度分别为 $1.65g/cm^3$、$1.75g/cm^3$ 和 $1.85g/cm^3$ 3 种不同饱和度下剪应力与水平位移数据进行分析，该两者的关系如图 3-8~图 3-10 所示。

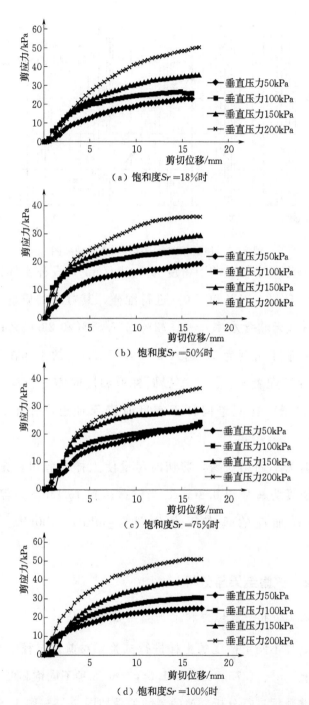

图 3-8 干密度 1.65g/cm³ 时不同饱和度下水平位移与剪应力关系

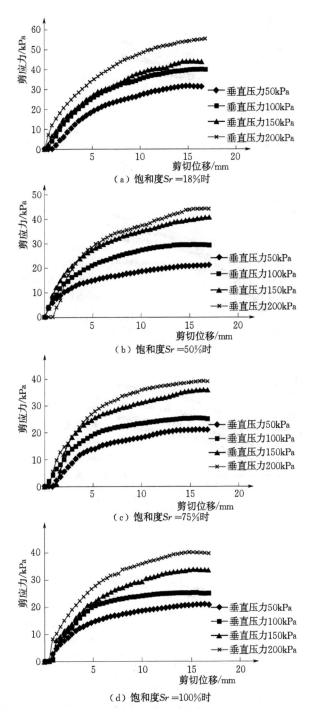

（a）饱和度$Sr=18\%$时

（b）饱和度$Sr=50\%$时

（c）饱和度$Sr=75\%$时

（d）饱和度$Sr=100\%$时

图 3-9　干密度 1.75g/cm³ 时不同饱和度下水平位移与剪应力关系

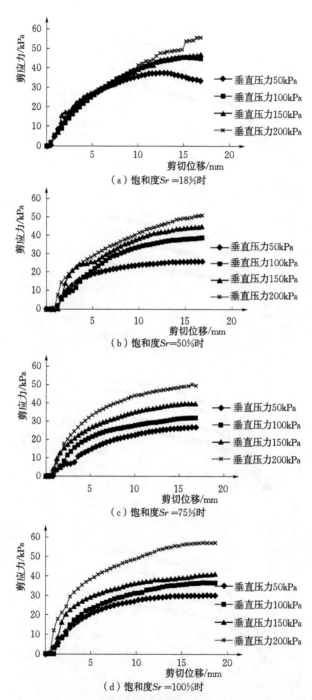

（a）饱和度Sr=18%时

（b）饱和度Sr=50%时

（c）饱和度Sr=75%时

（d）饱和度Sr=100%时

图3-10　干密度1.85g/cm³时不同饱和度下水平位移与剪应力关系

根据试验结果，不同饱和度下剪应力与水平位移曲线具有相似规律。从图3-8～图3-10中可以看出，在不同干密度条件下，随着饱和度的增加，剪应力-位移曲线在4种垂直压力下均逐渐收敛；土样在垂直压力为50kPa、100kPa时较150kPa、200kPa时收敛更为明显，峰值出现较早；而在垂直压力为150kPa以及200kPa，剪应力位移曲线随着饱和度的增加也逐渐收敛，在达到100％饱和度时也明显具有峰值。

　　由于物源土体中粗粒含量较高，因此饱和度较低时未出现峰值的原因，徐文杰[102]等认为是由于图样中粗粒含量较高，孔隙率较大，在对其施加垂直荷载情况下，细小颗粒填充孔隙产生剪缩效应，峰值出现较晚，如水平位移继续增大，土体会趋于稳定，最终产生峰值。而垂直压力较高时不容易出现峰值的原因，方华[99]认为是由于此时土样受较大的垂直荷载作用体胀体现不明显所致。而当物源土体饱和度为100％时，由试验结果可知，三种干密度情况下剪应力位移曲线均较低饱和度时出现明显收敛。原因一是由于试验中采用剪切位移超过16.8mm时停止试验，较前人试验分别在4～5mm和8～9mm时停止试验观察的数据更多，使得试验结果更为明显；原因二是由于试验中最大含水率为土体达到100％饱和度时进行，而前人的研究成果中，没有从饱和土体的含水率考虑，其试验中最大含水率分别为21％和11％，也使得本次试验结果具有一定规律性。

3.4.2.2　c、φ 与饱和度、干密度的关系

　　土体的抗剪强度主要由黏聚力 c 和内摩擦角 φ 控制。根据试验结果进行整理，分别可得出不同干密度和不同饱和度条件下黏聚力 c 和内摩擦角 φ 的取值，见表3-5。并且得出 c 值分别与饱和度干密度的关系如图3-11和图3-12所示，φ 值与饱和度和干密度的关系

如图 3-13 和图 3-14 所示。

表 3-5　　　　　　　　　大型直剪试验结果表

干密度/ (g·cm⁻³)	饱和度 Sr/%	c/kPa	φ/ (°)
	18	10.833	10.39
1.65	50	13.333	6.37
	75	16.611	5.08
	100	13.889	9.76
	18	24.278	8.69
1.75	50	12.167	9.58
	75	13.5	7.52
	100	13.444	11.20
	18	32.389	6.46
1.85	50	19.944	9.21
	75	17.889	8.78
	100	18.333	8.96

由图 3-11 可知，c 值与土体的饱和度呈现出反比关系，饱和度越大，黏聚力越小，特别是当饱和度由 18％增加到 50％时，c 值变化非常明显；当饱和度继续增大到 100％时，c 值变化较小。说明在饱和过程中，土体间空隙被水填充，颗粒间的引力也随之变小，黏聚力呈现骤减的现象；同时物源土体强度的破坏主要发生在饱和度增加的前期，因此应尽早控制土体的含水率，避免其强度的骤然减小。由图 3-12 可知，c 值与土体的密实程度呈现出正比关系，干密度越大，土体间的孔隙率越小，黏聚力越大；且土体饱和度越大，其干密度与黏聚力的变化趋势越趋于相同。说明土体越密实，颗粒之间距离越小，黏聚力也就越大。

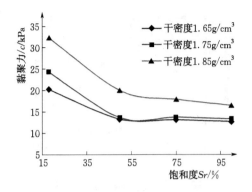

图 3 - 11　c 与饱和度 Sr 的关系

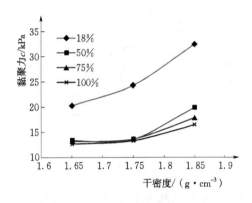

图 3 - 12　c 与干密度的关系

　　与 c 值不同，从图 3 - 13 可以看出内摩擦角 φ 随饱和度的变化呈波动趋势，无明显趋势；从图 3 - 14 可以看出内摩擦角 φ 随干密度的变化也无明显趋势。主要原因是物源土体中的粗颗粒主要成分为花岗岩风化物所形成的粒径为 $2\sim5\mathrm{mm}$ 的石英和长石，以砂砾为主，黏粒所占比重较小，内摩擦角受土体饱和度和密实度的作用效果有限。从试验过程考虑，也可能是由于采用重塑样进行试验，且土样在试验中反复使用，很难使试样土粒的均匀性得到保证，所以对 φ 值的结果也有一定影响。由此可以看出，在土体不断饱和的过程中，其强度主要是由土体颗粒之间黏聚力决定的。

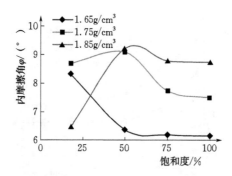

图 3 - 13 φ 与饱和度的关系

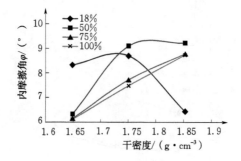

图 3 - 14 φ 与干密度的关系

3.4.2.3 抗剪强度包线与饱和度及干密度的关系

土体抗剪强度与饱和度以及干密度的关系可以很直观的由抗剪强度包线观察出。土体在饱和度分别为 18%、50%、75% 和 100% 情况下的强度包线如图 3 - 15 所示，干密度分别为 1.65g/cm³、1.75g/cm³ 和 1.85g/cm³ 情况下强度包线图如图 3 - 16 所示。

从图 3 - 15 可以看出物源土体抗剪强度与天然密度成正比，土体越密实抗剪强度越大。从图 3 - 16 可以看出物源土体抗剪强度与土体饱和度成反比，饱和度越大抗剪强度越小。这就再次验证土体密实度以及饱和度对抗剪强度的影响较大。说明结构松散的物源土体应做好防水排水措施以尽量控制其饱和度，以免其在降雨作用下形成泥石流。

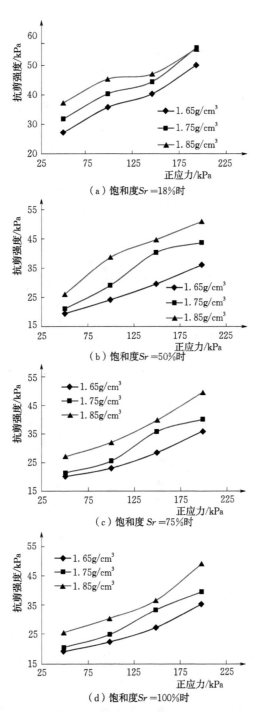

（a）饱和度 S_r=18%时

（b）饱和度 S_r=50%时

（c）饱和度 S_r=75%时

（d）饱和度 S_r=100%时

图 3-15   不同饱和度下抗剪强度随干密度的变化趋势

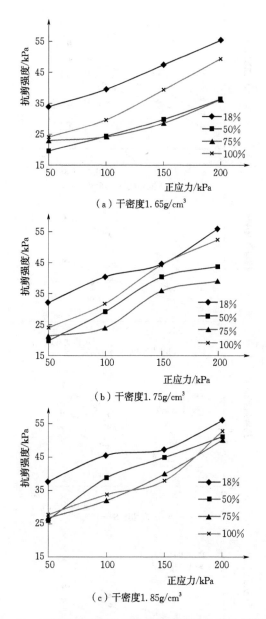

（a）干密度1.65g/cm³

（b）干密度1.75g/cm³

（c）干密度1.85g/cm³

图3-16　不同干密度条件下抗剪强度随饱和度的变化趋势

根据匡乐红[103]对暴雨型泥石流在降雨入渗过程中的变化的研究，可以分别对应试验结果进行分析。当物源从天然含水率到逐渐饱和的过程中，降雨持续入渗进入土体，土体强度不断降低；当物源土体快要达到饱和时，土体黏聚力及抗剪强度进一步下降，近似于饱和度100％时的大小；当物源土体达到饱和时，地表出现径流，对松散堆积体进行侵蚀，随着进一步的降雨作用，径流的挟沙能力增强，侵蚀能力也随之增强，造成泥石流的形成。

3.4.3 结论

（1）物源土体的黏聚力与饱和度成反比关系，随饱和度的增加而减小，该现象在18％～50％的饱和度之间下降最为明显，说明黏聚力的降低主要发生在土体饱和的前期。而 c 值随干密度的增加而增大，说明土体密实度以及饱和度对抗剪强度的影响较大。物源土体的内摩擦角 φ 受饱和度、干密度的影响较小，无明显变化趋势。因此，对于结构松散的物源土体应加强防水排水措施，以有效控制其饱和度处在安全范围，以免其在降雨作用下强度进一步破坏进而形成泥石流。

（2）由于物源土体中粗粒含量较高，天然状态下，剪应力位移曲线未出现峰值，但随着饱和度的增加，物源土体的剪应力位移曲线的峰值逐渐明显，其中垂直压力为50kPa、100kPa时较150kPa以及200kPa时曲线的收敛更为明显。说明在同样垂直荷载情况下，抗剪强度与土体的饱和度成反比关系，其随着饱和度的增加而减小。

（3）柿树沟泥石流物源土体在降雨条件下逐渐达到饱和的过程中，土体黏聚力急剧下降，抗剪强度降低，同时随着土体的饱和，出现地表径流并伴随持续降雨而使其侵蚀和挟沙能力也加强，造成泥石流的发生。

（4）由于柿树沟泥石流物源土体中粗粒含量较高的特性，其持水能力降低，在持续降雨条件下易形成地表径流，对物源土体造成冲刷侵蚀，使其强度降低，易形成泥石流。因此，应加强对此类物源泥石流沟的监测及防范。

3.5　饱和三轴试验

泥石流土体的强度特征研究对于研究泥石流启动过程意义重大。三轴剪切试验具有能控制主应力及排水条件、受力状态明确、剪切面不固定，并根据工程所需准确测定土的孔隙压力及体积变化等优点，同时还能提供所需有效强度指标，所以，采用三轴剪切试验测定土体抗剪强度比采用直接剪切试验或无侧限抗压强度试验更为客观，更接近实际工程情况[104]。

由于柿树沟泥石流爆发迅速，其剪切破坏过程可视为不排水剪破坏，因此，分别对其进行不同干密度情况下固结不排水（CU）、不固结不排水（UU）试验，通过试验得出的抗剪强度指标，结合实际情况，分析其对泥石流土体抗剪强度的影响，用抗剪强度特征解释泥石流启动现象。

3.5.1　试验仪器与材料

本试验使用的是中国科学院武汉岩土力学研究所购置的南京电力自动化设备总厂生产的 SJ‐1A.G 型应变控制式三轴剪切仪（图 3‐17）。仪器量力环上端固定在横梁上，压力室底座通过电机带动变速装置驱动上升，从而实现对试样施加轴向压力，并通过量力环变形计算出试样所受轴向压力。试验前需通过设定变速箱不同档位控制试验剪切速率，试验过程中轴向应变、轴向应力、孔隙水压力由计算机自动采集和计算，当试验达到预先设定应变量后停止数据采集。

图 3-17　SJ-1A.G型三轴剪切仪

通过颗分试验可知，其物源土体粒径主要集中在 2～5mm，占 47.74%，其不均匀系数 C_u＝26.92，曲率系数 C_c＝4.95，级配良好。土样的原始颗粒级配曲线如图 3-3 所示，采用密度计法测定的黏粒含量为 13.92%。其液限 W_P 为 24.69%，塑限 W_L 为 17.53%，塑性指数为 7.16。

由于三轴试验采用尺寸为 61.8mm×125mm，试样最大粒径不能超过 5mm，需要对超粒径部分进行处理。目前对超粒径处理的方法常用的有剔除法、等量替代法、相似级配法等。

等量代替法是将粗粒料土中超径料等重量地用允许最大粒径 d_{max}＝5mm 的粗料部分各粒级颗粒按含量加权平均代替。该方法的优点是代替后的级配仍保持原来的粗料含量，细料含量和性质不变，但存在大粒径缩小、粒级范围变小、均匀性增大等缺点，故宜在超径料含量不大于 50% 的范围内使用。

本次试验采用的样本土体中颗径大于 5mm 颗粒比例为 41.35%，因此，对其采用等量替代法进行处理。将颗径大于 5mm

的超径部分剔除，用颗径 2～5mm 粗颗粒组按权重进行替换，这样代替后的级配保持原来粗颗粒含量，但最大粒径相应缩小，粒级范围变小、均匀性增大，2mm 以下的细颗粒的含量和性质不变，处理前后的颗粒累计曲线图如图 3－18 所示。

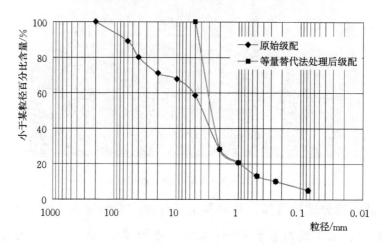

图 3-18　原始和试验土样颗粒累计曲线图

三轴试验试样考虑三种干密度，分别为 $1.65g/cm^3$、$1.75g/cm^3$、$1.85g/cm^3$。将土样筛洗烘干分别筛分，并称取一定质量土样拌和均匀，试验后将土样重新烘干筛分。相对密度较高的试样采用潮湿状态下进行击实制样，将根据密度称量土样后加 9％左右的水，充分拌匀后密封静置 12h 以上。整个试样分 3 层击实，尽量保证每层分布平均，每层砂样击实到预定高度后，用刮土刀将接触面刨毛，以保证每层之间接触紧密。制备好的试样套入橡皮膜安装在三轴压力室底座上。由于试样为粗粒土，制样和试验中易刺破橡皮膜，因此试验中采用双层橡皮膜，以保证试验顺利进行。

按规范要求，试样采取抽气饱和方案，将装有试样的饱和器置于无水的抽气缸内进行抽气，当真空度接近 1 个大气压后，继续抽气大于 2h，浸水饱和时间大于 10h，各试样固结前测得孔隙压力系

数 B 均大于 0.95，说明试样达到饱和，满足试验要求[106]。试样饱
和后，打开排水阀，使试样在预定的围压下排水固结，大约 2h 后固
结完成。固结完成后根据不同试验要求进行 CU、UU 剪切，轴向变
形达到 30% 左右结束试验。本次试验采用 3 种不同干密度，在围压
分别为 50kPa、100kPa、200kPa 下进行试验，CU 试验剪切速率
0.3680mm/min，UU 试验剪切速率 0.8280mm/min，具体试验方案
见表 3 - 6。

表 3 - 6 三 轴 试 验 方 案 表

粒径组成/mm	试验干密度/ $(g \cdot cm^{-3})$	试验类型	剪切速率/ $(mm \cdot min^{-1})$	采集数据
剔除法处理后的原始样本	1.65 1.75 1.85	CU	0.3680	$\sigma_1 - \sigma_3$、ε、u
	1.65 1.75 1.85	UU	0.8280	$\sigma_1 - \sigma_3$、ε_1

3.5.2 试验结果与分析

3.5.2.1 试样破坏形态

在压缩过程中，试样在不同干密度情况下 CU 剪切试验后呈现
出明显不同的破坏形态。干密度 1.65g/cm³ 的试样均呈现出中部直
径明显变大，呈鼓状没有明显的剪切面（图 3 - 19）；干密度
1.85g/cm³ 的试样均有明显的剪切带，剪切面 45°左右，上部试样帽
由水平变为倾斜，试样上下两部分沿剪切面发生明显剪切位移
（图 3 - 20）；干密度 1.75g/cm³ 的试样剪切变化规律不够明显。可
以得到随着试样干密度的增大，砂土试样的剪胀性表现越来越明显
的结论。其原因应该是试样干密度较小时内孔隙较大，在围压和偏

应力的作用下，易产生压缩变形。因此，没有出现明显剪切面，而是比较均匀的鼓胀破坏；而干密度较大的试样由于密实度大，土样不易发生压缩变形，不易发生相对位移，而是出现明显的剪切面。

图 3 - 19　$\rho = 1.65 \text{g/cm}^3$ 时试样破坏形态　　图 3 - 20　$\rho = 1.85 \text{g/cm}^3$ 时试样破坏形态

3.5.2.2　应力-应变关系

不同干密度的试样在不同围压下，不同排水条件下进行试验，可以得到干密度分别为 1.65g/cm^3、1.75g/cm^3、1.85g/cm^3 时的应力-应变关系曲线如图 3 - 21～图 3 - 23 所示。

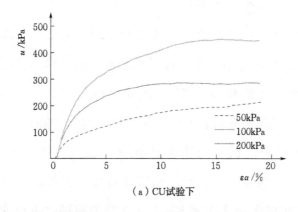

（a）CU试验下

图 3 - 21　干密度 $\rho = 1.65 \text{g/cm}^3$ 时轴向应力-应变关系（一）

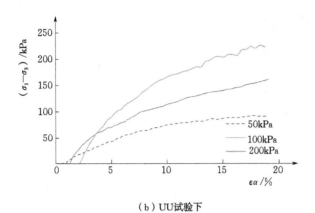

（b）UU试验下

图 3-21　干密度 $\rho=1.65\text{g/cm}^3$ 时轴向应力-应变关系（二）

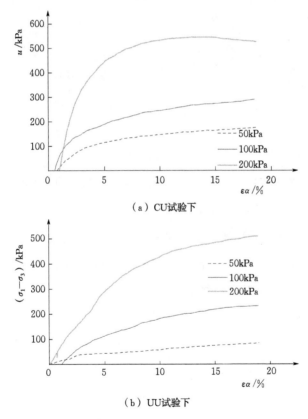

（a）CU试验下

（b）UU试验下

图 3-22　干密度 $\rho=1.75\text{g/cm}^3$ 时轴向应力-应变关系

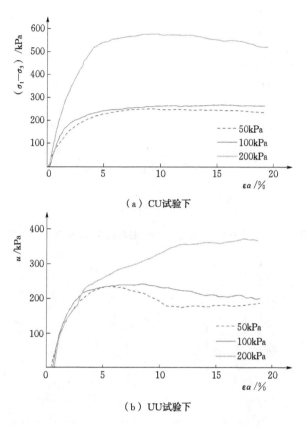

（a）CU试验下

（b）UU试验下

图 3-23 干密度 $\rho = 1.85 \text{g/cm}^3$ 时轴向应力-应变关系

由图 3-21～图 3-23 可看出：

1）偏应力与干密度成正比关系，与围压也成正比。由于泥石流物源土体不同位置的密度不同，不同埋深的围压也不相同，所以导致了泥石流启动因素比较复杂。

2）同等条件下的 UU 试验中的土体强度峰值均比 CU 试验峰值低得多，说明经过固结，土体抗剪强度有了较大提高。特别是干密度为 1.65g/cm^3 时，土体偏应力增强最为明显，说明松散土体固结效果好于密实土体。

3.5.2.3 孔隙水压力-应变关系

通过 CU 试验中，三轴仪自带的数据采集系统所记录的剪切过程中孔隙水压力的数据变化，可以得到干密度分别为 $1.65\mathrm{g/cm^3}$、$1.75\mathrm{g/cm^3}$ 和 $1.85\mathrm{g/cm^3}$ 条件下的孔压-应变关系曲线如图 3-24 所示。

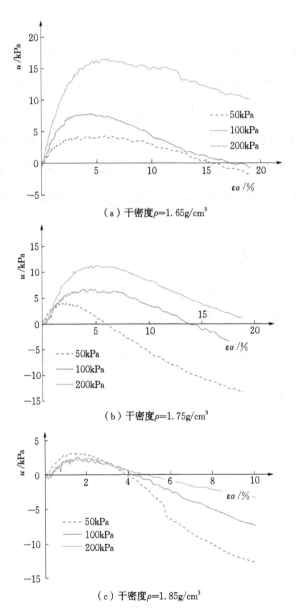

（a）干密度ρ=1.65g/cm³

（b）干密度ρ=1.75g/cm³

（c）干密度ρ=1.85g/cm³

图 3-24　不同干密度条件时 CU 试验下孔压-应变关系

由图 3-24 可看出：

1）随着干密度的增大，孔隙水压力随着应变增加先增大后减小，甚至出现负孔隙水压，且干密度越大，剪胀现象越明显。土的剪胀性实质上是由于剪应力引起土颗粒间相互位置的变化，使其排列发生变化，加大颗粒间的孔隙，从而发生了体积膨胀[106]。干密度较大时更容易发生剪胀的原因为，随着密度的增大土体间间隙逐渐变小，颗粒间更易发生相对位移而使孔隙变大，出现剪胀现象。

2）围压对剪胀现象的产生也有影响。低围压下更易发生剪胀现象，因为此时发生剪切破坏时，粗颗粒间发生位移更容易，而在高围压下，由于高围压的限制，粗颗粒间发生位移较难，因此剪胀现象较弱。

3.5.2.4 应力路径特征

干密度不同的土体应力路径，可以在 $p-q$ 空间中表示，不同干密度条件下 CU 试验应力路径如图 3-25 所示。其中，有效平均应力 $p'=\dfrac{\sigma_1'+2\sigma_3'}{3}$；偏应力 $q=\sigma_1-\sigma_3$；图中分析了土体在剪切过程中发生剪缩或剪胀的过程。

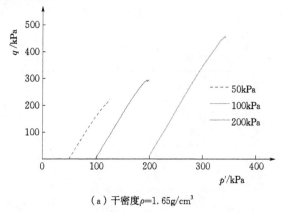

（a）干密度 $\rho=1.65\mathrm{g/cm^3}$

图 3-25 不同干密度条件下 CU 试验应力路径图（一）

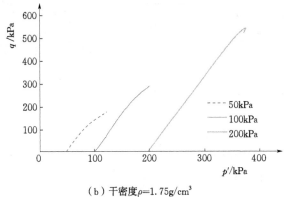

（b）干密度ρ=1.75g/cm³

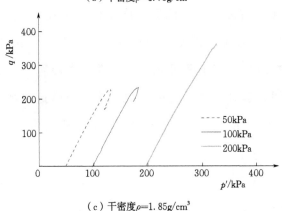

（c）干密度ρ=1.85g/cm³

图3-25 不同干密度条件下CU试验应力路径图（二）

3.5.2.5 强度指标

可通过不同条件下的三轴试验结果得到相应的应力莫尔圆强度包线，进而取得强度指标，结果见表3-7。松散状态（干密度1.65g/cm³）下的土体，其应力应变关系曲线上峰值点明显，可取峰值，在绘制应力莫尔圆时取峰值应力；在中密和密实状态（干密度分别为1.75g/cm³和1.85g/cm³）下的应力应变关系曲线峰值点不明显，取应变为200kPa对应的偏应力为峰值。

表 3-7　　　　　　　　　　泥石流物源土体强度指标

排水条件	剪切速率/(mm·min⁻¹)	指标	干密度/(g·cm⁻³)		
			1.65	1.75	1.85
CU	0.368	φ	13.7	26.3	33.64
		c	10.8	21.9	40.9
		φ'	24.58	22.3	24.73
		c'	15.7	9.8	11.4
UU	0.828	φ	6.82	7.3	16.06
		c	7.3	12.7	29.9

　　通过试验研究得出不同干密度的土体在不排水（CU、UU）条件下的抗剪强度指标，得出抗剪强度指标随上述因素变化的规律。抗剪强度指标 c、φ 随干密度增大而增大（图3-26、图3-27），这是由于土体在饱和状态下密度越大，颗粒间空隙越小，发生剪切破坏需要的剪切力越大，摩擦力也越大，使得内摩擦角越大。同样密度增大，细颗粒包裹、黏结粗颗粒较紧密，黏聚力也较大。

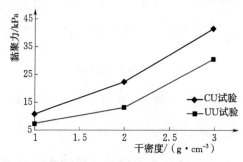

图 3-26　干密度与 c 的关系

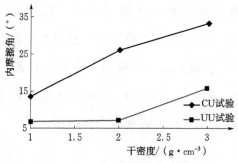

图 3-27　干密度与 φ 的关系

3.5.2.6　泥石流启动时的强度选择讨论

通过 UU、CU 试验强度对比可知，同等条件下 UU 试验得到的 φ 远低于 CU 试验得到的 φ，且随着干密度的增加此差距逐渐变小，而黏聚力在不同排水条件下试验结果差别较小。同时可以发现不固结不排水强度远低于固结不排水强度。泥石流的物源土体启动时滑动面一般深度较浅，约为 5～10cm，此时对应为较小围压下的三轴试验情况，土体抗剪强度较低，再加上泥石流地形陡峭，土体重力势能较大，因此泥石流启动迅速。

在针对泥石流启动进行研究时，选取泥石流土体强度时可根据降雨工况来确定固结和排水条件。当干燥的边坡突降暴雨时，土体来不及固结排水，其土体抗强度指标可选取不固结不排水抗剪强度指标；随着降雨的继续进行，下层物源土体逐渐固结，此时可选取固结不排水抗剪强度指标进行研究。

3.5.3　结论

（1）CU 剪切试验过程中土体呈现出明显不同的破坏形态，干密度较小的试样呈现出膨胀破坏，没有明显的剪切面，且多为剪缩破坏；干密度较大的试样有明显的剪切带，试样上下两部分沿剪切面发生明显剪切位移，且多为剪胀破坏。

（2）c、φ 均随干密度增大而增大，试样在 CU 试验内摩擦角远大于同条件下 UU 试验内摩擦角，且随着干密度的增加此差距逐渐变小，黏聚力在不同排水条件下差别较小。

（3）在强降雨的初始阶段，土体来不及固结排水，此时泥石流启动可采用 UU 情况下所得抗剪强度指标进行研究；随着降雨的进行，土体逐渐固结，此时泥石流形成过程可采用 CU 情况下所得抗剪强度指标进行研究。

3.6　本章小结

本章通过室内试验对柿树沟泥石流土样进行了基本物理化学特性及力学性质研究，得出物源土体的特征参数特点，从而对其进行分析，得出其对泥石流形成的影响，主要结论如下：

（1）经过颗分试验得出物源土体的性质为粗粒土，其不均匀系数为 $C_u = 26.92$，曲率系数为 $C_c = 4.95$，粒径分布不均匀，颗粒极配良好；主要成分为石英和长石；渗透系数位于粗砂渗透系数范围内，渗透性好，有利于雨水快速入渗。这些特性有利于物源土体在降雨作用下迅速达到饱和，易形成地表径流，为泥石流快速启动创造了良好的条件。

（2）通过大直剪试验可知，物源土体的黏聚力与饱和度成反比关系，随饱和度的增加而减小；土体密实度以及饱和度对抗剪强度的影响较大，抗剪强度与土体的饱和度成反比关系，随着饱和度的增加而减小；当物源土体在降雨条件下逐渐达到饱和的过程中，其持水能力降低，土体黏聚力急剧下降，抗剪强度降低，同时随着土体的饱和，出现地表径流并伴随持续降雨而使其侵蚀和挟沙能力也加强，造成泥石流的发生。

（3）通过三轴试验可知，物源土体在 CU 剪切试验过程中干密度较小的试样多为剪缩破坏，干密度较大的试样多为剪胀破坏；c、φ 均随干密度增大而增大，试样在 CU 试验内摩擦角远大于同条件下 UU 试验内摩擦角，且随着干密度的增加此差距逐渐变小，黏聚力在不同排水条件下差别较小；在强降雨的初始阶段，土体来不及固结排水；此时泥石流启动可采用 UU 情况下所得抗剪强度指标进行研究；随着降雨的进行，土体逐渐固结，此时泥石流形成过程可采用 CU 情况下所得抗剪强度指标进行研究。

第 4 章　柿树沟泥石流室内模型试验研究

沟床启动型泥石流是由沟道中的松散堆积物参与提供物源，在上游汇流冲刷下启动形成的泥石流。而每条泥石流各有其特点，导致启动的因子较多。因此，对其的研究极其复杂，当前还没有一套完备的理论来对其进行分析研究，学者们只能从某些方面出发对其进行研究。目前，费祥俊[107]、Martin D A[108]、庄建琦[109]等学者关于松散堆积体形成泥石流的研究主要得出了沟床启动型泥石流启动模式与前期降雨、当期降雨（雨强）、沟床坡度等因素有关的成果。同时前人在泥石流启动试验的研究方面也取得了一定的成果，但目前主要集中于滑坡、崩塌形成泥石流的情况，对于沟床启动型泥石流研究的较少，学者们采用的有原位试验和室内试验两种方式，分别针对不同的降雨强度和沟床坡度条件下泥石流的启动进行了研究，但在模型试验中考虑因子均较少，未能完全反映泥石流的实际爆发原因。

原位试验和室内试验各有其优缺点，原位试验的物源土体和地形地貌情况更接近真实特点；而室内试验可人为改变多种因素，试验过程较灵活，同时方便采用数据采集系统精确地测量土体特征参数。因此，本次试验采用室内重塑土试验方式，并采用室内模型结合人工降雨，方便取得主要因子在不同组合下的松散堆积物启动形成泥石流的试验结果，有利于分析堆积物由典型沟床启动转变为流态化整体滑动的临界状态，为了解此类泥石流的形成机理提供了参考，对于深入开展泥石流的启动机制及灾变机理有重要意义。

4.1 试验方案

4.1.1 试验参数选取

对沟床启动型泥石流成因的分析主要是从物源的形成和地表径流的形成两方面出发来进行的。其中物源的形成主要影响因子为地形地貌、沟床坡度、土体颗粒级配以及土体堆积密度等方面；地表径流的形成在我国主要表现为降雨形成，因此其主要影响因子为汇流面积和降雨强度以及两侧山体的坡度等方面。地形因素主要为两侧边坡坡度的影响，陡峭的坡体有利于地表径流的大量汇集，并给地表径流提供强大的势能；沟床坡度越大，沟道内堆积体的稳定性越差，同时也在一定程度上增大了地表径流的势能；降雨是诱发泥石流的重要因素，由本书第 3.4 节的大直剪试验结果可知，物源土体的饱和度即前期降水量也是影响泥石流爆发的重要因素，物源土体越饱和，其强度越小，越容易发生破坏形成泥石流；当期降水量即为诱发泥石流爆发的直接原因，也是地表土体饱和后雨水无法继续下渗，形成地表径流，并最终对物源土体产生冲刷侵蚀最终形成泥石流的原因，因此也是泥石流启动研究的重要因素。

综上所述，结合柿树沟地面调查结果和前人研究成果，选取的主要影响因子为沟床坡度、前期降水量、当期降水量。

由前面调查结果可知，柿树沟流域相对高差 441m，平均纵坡坡降 206.46‰，流域面积为 1.17km²，沟长约 2.4km。"7·24"泥石流的物源主要来自于沟道泥石流堆积体，而堆积体主要位于沟道中部较平缓处，且位于沟道的两条支沟交汇点下游约 50m 处。整个流域由于两侧坡体较陡，汇流时间较短，有利于地表径流的大量汇集。同时根据走访群众得知，此次泥石流爆发前该区域经历了长达半个月的间歇降雨，并在 2010 年 7 月 24 日前几日经历了连续降雨，当天下午经历了短时强降雨，随后 1h 左右，柿树沟泥石流爆发。通过收集的降雨资料可知，2010 年 7 月 24 日柿树沟区域前五日累积降水量达到 78.15mm，当日雨量达到 158.3mm，24h 最大雨量达到 163.2mm，最大小时雨强达到 86mm/h。

因此，根据柿树沟实际情况，主要试验参数取值如下：

（1）沟床坡度。由于柿树沟平均纵坡坡降为 206.46‰，约为 12°，最大纵坡坡降为 240.23‰，约为 14°。同时，根据前人的研究结果，沟道内堆积体形成泥石流的临界坡度区域为 15°～16°，因此，试验沟床坡度取值分别为 12°、15°和 17°。

（2）前期降水量。由于前期降水量代表着物源土体在当期降雨前的渗透和吸水能力，因此可用物源土体的含水率来表示。根据所收集的降雨资料，物源土体一般在发生泥石流前均经历过前期降雨，不可能保持平时的天然含水率，但根据前期降水量的大小，其饱和度也不同，同时地表径流是因为物源土体达到 100%饱和，降雨无法继续入渗的原因所形成。因此物源土体饱和度分别取值为 50%、75%和 100%，其对应的质量含水率分别为 11.72%、17.57%和 23.43%。

（3）当期降水量。由于当期降水量是泥石流形成的主要激发原因，而从世界范围内典型的泥石流记录可以知道，泥石流的爆发雨强多大于30mm/h，参考历史上已知的柿树沟泥石流爆发所需的最大临界累积降水量即为"7·24"当天的86mm/h，因此，小时雨强分别取值为30mm/h、60mm/h和90mm/h。

4.1.2 正交设计原理

正交试验设计（Orthogonal Experimental Design）是一种高效率、快速、经济的实验设计方法。它是根据正交性从全面试验中挑选出部分有代表性的点进行试验，这些有代表性的点具备了"均匀分散、齐整可比"的特点。

当析因设计要求的实验次数太多时，一个非常自然的想法就是从析因设计的水平组合中，选择一部分有代表性水平组合进行试验。日本著名的统计学家田口玄一将正交试验选择的水平组合列成表格，称为正交表。例如，做一个"三因素三水平"的实验，按全面实验要求，必须进行$3 \times 3 = 27$种组合的实验，且尚未考虑每一组合的重复数。若按$L9$（3×3）正交表安排实验，只需作9次，按$L18$（3×6）正交表进行18次实验，显然大大减少了工作量。因而正交实验设计在很多领域的研究中已经得到广泛应用。

正交表是一整套规则的设计表格，L为正交表的代号，n为试验的次数，t为水平数，c为列数，也就是可能安排最多的因素个数。

正交表的性质：①每一列中，不同的数字出现的次数是相等的。例如在两水平正交表中，任何一列都有数码"1"与"2"，且任何一列中它们出现的次数是相等的，如在"三水平"正交表中，任何一列都有"1""2""3"，且在任一列的出现次数均相等。②任意两列中数字的排列方式齐全而且均衡。例如在两水平正交表中，任何两列（同一横行内）有序对子共有 4 种：（1，1）、（1，2）、（2，1）、（2，2），每种对数出现次数相等，在"三水平"情况下，任何两列（同一横行内）有序对共有 9 种，1.1、1.2、1.3、2.1、2.2、2.3、3.1、3.2、3.3，且每对出现次数也均相等。

正交试验设计的关键在于试验因素的安排。通常，在不考虑交互作用的情况下，可以自由地将各个因素安排在正交表的各列，只要不在同一列安排两个因素即可（否则会出现混杂）。但是当要考虑交互作用时，就会受到一定的限制，如果任意安排，将会导致交互效应与其他效应混杂的情况。

在完成试验收集完数据后，将要进行的是极差分析（也称方差分析）。极差分析就是在考虑 A 因素时，认为其他因素对结果的影响是均衡的，从而认为，A 因素各水平的差异是由于 A 因素本身引起的。讨论 A 因素时，不管其他因素处在什么水平，只从 A 的极差就可判断它所起作用的大小。对其他因素也作同样的分析，在此基础上选取各因素的较优水平。

用极差法分析正交试验结果得到的结论如下：

（1）在试验范围内，各列对试验指标的影响从大到小的排队。某列的极差最大，表示该列的数值在试验范围内变化时，使试验指标数值的变化最大。所以各列对试验指标的影响从大到小的排队，就是各列极差 D 的数值从大到小的排队。

（2）试验指标随各因素的变化趋势。

（3）使试验指标最好的适宜的操作条件（适宜的因素水平搭配）。

（4）对所得结论和进一步研究方向的讨论。

设计过程应有以下步骤：①确定试验因素及水平数；②选用合

适的正交表；③列出试验方案及试验结果；④对正交试验设计结果进行分析，包括极差分析和方差分析；⑤确定最优或较优因素水平组合。

4.1.3 试验工况

由上可知，确定本次模型试验其影响因子为3种，即沟床坡度、雨强和饱和度。该3种因子间不存在交互作用，因此试验方案采用SPSS统计软件进行正交设计，得到以下组合结果。即通过9组有效试验即可获得不同前期降雨、当期降雨（雨强）、沟床坡度、径流坡度条件沟道堆积物形成泥石流的启动模式及过程，见表4-1。

表4-1　　　　　　　　试　验　工　况　表

试验组次	沟床坡度/（°）	雨强/（mm·h）	饱和度/%
1	12	90	75
2	18	30	75
3	12	30	50
4	15	60	75
5	15	30	100
6	18	90	100
7	18	60	50
8	15	90	50
9	12	60	100

4.2　试验仪器及设计

4.2.1　试验仪器

通过泥石流模拟水槽进行物理模拟试验，整个试验仪器主要由三部分构成：模型水槽、人工降雨设备和数据采集系统，如图4-1所示。

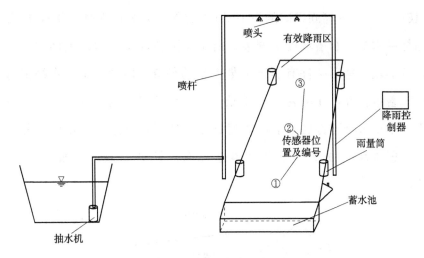

图 4-1 试验仪器示意图

1. 模型水槽

作为"7·24"泥石流主要物源的柿树沟沟道堆积体上下游形态差异较大，上游堆积体厚度较大宽度较窄，平均厚度约为 3m、宽度约为 8m，下游堆积体厚度较薄宽度较宽，平均厚度约为 1m、宽度约为 25m，整个堆积体长度约为 150m。如果完全按实际情况缩小比例进行模型试验的话，要么比例尺较大时，所需试验空间和土体较多，试验难度比较大；要么比例尺较小时，沟道模型槽宽度较窄，土体较少，也不能反映实际情况。根据沟道堆积体启动形成泥石流的原因是由于其受到各种力的作用最终失稳所形成，可将试验对象取为堆积体的一段，对其在 3 种试验参数不同取值下的变化进行试验观察，以此来考虑整个堆积体在泥石流形成过程中的变化状态。由于上游堆积体为径流来水的主要受力对象，因此，将堆积体上游部分作为模型试验研究对象。

考虑到室内试验装置大小和试验所需土体的限定，将试验设计为长 1.5m、宽 0.5m、高 0.8m 水槽来模拟沟道，两侧为钢化玻璃

（玻璃上用防水笔画出间隔为10cm的方格网，方便观测位移），底部为加糙木板，水槽坡度可调节。由于实际情况中，物源土体的上游附近的坡体地形条件有利于汇集大量的径流，因此，位于水槽上游侧方盖板打开，并加装一V形槽，作为汇集径流的方式。同时下方有一小型水槽可将启动形成的泥石流土体保留下来以供试验重复利用，还能起到方便对冲出土体进行称重计算的效果。如图4-2所示。

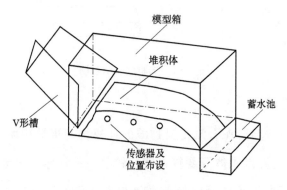

图4-2　模型水槽示意图

2. 人工降雨设备

降雨设备采用西安市清远测控技术有限公司生产的 QYJY-501型便携式全自动人工模拟降雨器。该设备为一款垂直下喷施自然降雨仿真设备，采用预先设定将与参数、逼近式闭环控制降雨过程等先进技术，配备了当前先进的铜质旋转下喷式模拟降雨喷头和模拟降雨控制器及软件，所模拟雨滴粒径、降雨功能与自然降雨十分接近。其中喷头大小有三种规格，根据所需雨强的不同要求，控制器的电脑数据系统可对连接三种喷头供水管阀门进行调节，使降雨时不同的喷头可任意组合，精确调节雨量，以达到雨强的变化，并同时读取电磁流量计读数记录来读取及时雨强和累积降水量。整个系统由模拟降雨主控制器、降雨供水管道（支架）、水泵、模拟降雨喷头和雨量器以及电脑分析软件组成。雨强连续变化范围为 15～200mm/h，雨滴大小控制范围为 0.37～6mm，降雨测量误差小于 2%。降雨设计示意图如图 4-3 所示。试验材料具体堆积方式见本书第 4.2.3 节。

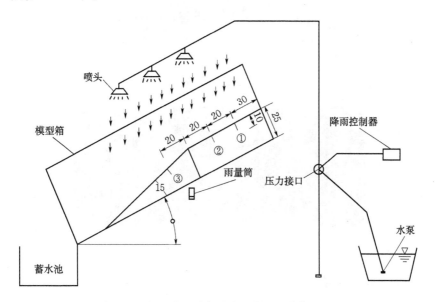

图 4-3　人工降雨设备设计示意图（单位：cm）

3. 数据采集系统

数据采集系统包括数据采集器和数据采集探头两部分。其中数据采集器采用澳大利亚 Data Taker 公司生产的 DT80G，其可用于实时采集温度、电压、电流电阻、应变电桥、应力应变、频率等。数据采集探头包括渗压计和水分仪。渗压计为基康仪器生产的 BGK-4500S 型渗压计，其为振弦式传感器，用以测量孔隙水压力和温度，如图 4-4 所示。探头前端的透水石选用带 50μm 小孔的烧结不锈钢制成，具有良好的透水性。标准量程为 0.35～3.0MPa，分辨率为 0.035%，测量精度为 ±0.1%。水分仪为基康仪器生产的 PH-TS 型土壤水分传感器，可反映土体的含水率情况，量程为 0～100%，精度为±3，分辨率为 0.1%。PH-TS 型土壤水分仪如图 4-5 所示。

图 4-4　BGK-4500S 型渗压计

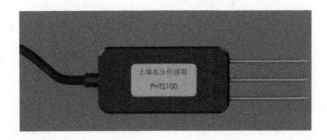

图 4-5　PH-TS 型土壤水分仪

4.2.2　试验材料

　　试验所用土样同大直剪试验的土样，采用粒径≤60mm 的重塑土样。超粒径部分颗粒处理方式同大直剪试验相关内容。将筛分后的土样烘干，并充分拌和均匀，每次试验后均将土样重新烘干。每组实验前按照不同工况下的饱和度条件分别称量土样和水量，因土量较大，因此，将土样分为 20 份，分别进行配比和充分搅拌，然后在一起拌匀后密封静置 24h 以上，让土样在自然条件下尽量恢复到扰动前的原位状态。

4.2.3　堆积体堆积方式及传感器埋设方式

　　堆积体在槽内进行铺设时，水槽下游预留 0.1m 长度作为堆积区，因此堆积区长 1.4m、宽 0.5m。堆积体厚度借鉴费祥俊和舒安平[107]的研究结果，当断面宽度为高度的 2 倍时为最佳排导断面，因此堆积体厚度取为0.25m。堆积体尽量模拟实际，采取分三层压实，最下层最为密实，最上层较为松散，根据实际情况，堆积体平均密度为1.75g/cm³，均匀铺到沟道中，模拟天然沟道状况。

在堆积体内按M形铺设5组孔隙水压力传感器，并在堆积物中层按照上中下游的顺序安装3组水分仪，记录堆积体从开始降雨到启动过程中孔隙水压力和含水率的变化情况，如图4-6所示。

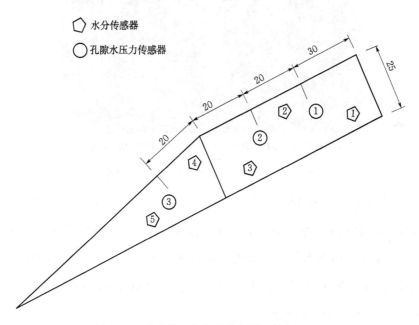

图4-6 传感器埋设位置示意图（单位：cm）

4.2.4 径流设计

在进行模型试验的开始阶段，根据试验工况直接对模型槽中的堆积体进行降雨试验，结果发现即使对以上4种因子均取最大值进行人工降雨试验时，堆积体只有达到100％饱和后表面形成较小的地表径流，其余无变化。随后对除雨强外的3种因子取最大值，雨强增大到200mm/h进行降雨试验。在试验进行到60min时，堆积体坡脚后缘产生一条拉张裂隙，宽约2cm，随后该裂隙不断慢慢扩大。

同时，裂隙至坡脚部分的堆积体产生蠕滑，且后缘陡坎不断向前部慢慢垮塌，直至 50min 后该部分堆积体逐渐稳定下来，不再运动，整个过程基本无冲出方量，如图 4-7 所示。

（a）坡脚后缘产生拉张裂隙　　　　（b）坡脚堆积体不断蠕滑

图 4-7　雨强为 200mm/h 时初始试验情况

在实际调查中和前人研究成果可知，如果土体初始饱和度为100%，即时雨强为 200mm/h，持续降雨 110min，累计降水量可达到 367mm，该种条件下一般均会爆发泥石流。因此，仅靠模型槽后方设置的 V 形槽来汇集地表径流，其汇聚面积有限，不符合实际情况，需要对试验进行调整。

在野外实际调查中可以知道，我国泥石流的爆发最主要的因素即为降雨，而由降雨引发的地表径流是泥石流爆发最主要的启动因素，只有强烈的地表径流才能给泥石流爆发提供足够的动力条件，而地表径流量主要是由泥石流的流域面积和雨强所决定的。由于缺乏柿树沟泥石流爆发时的实际径流量监测数据记录，因此，只能根据柿树沟实际情况，来对其地表径流量进行大致估算，并将其进行比例折减，用于实际模型试验中，来进行大致的启动趋势模拟。

可以根据地区的经验性公式或者实际降雨和流量监测资料来建

立流量与降雨强度的关系。下面根据中小流域暴雨洪水流量推理公式来建立流量与降雨强度之间的关系[111]

$$\Omega_m = [C_1 \; C_2]^z \tag{4-1}$$

式中　Ω_m——暴雨洪峰流量，m^3/s；

　　　C_1——产流因素；

　　　C_2——汇流因素；

　　　Z——由暴雨和汇流因素而定的一个指数，一般变化在1.1～1.5之间。

　　　其中

$$C_1 = 0.278CSF \tag{4-2}$$

$$C_2 = \frac{P}{(xP_1)^n} \tag{4-3}$$

式中　C——径流系数；

　　　S——以小时计算强度的暴雨参数，mm；

　　　F——流域面积，km^2；

　　　P_1——造峰时间 t_Q（h）与流域上全面汇水时间 τ（h）的比值；

　　　P——洪峰流量同时汇水面积 f 与全流域面积 F 的比值；

　　　x——山坡与河槽综合汇流因素，为山坡汇流因子 k_2 与河槽汇流因子 k_1 之和。

　　综上所述，暴雨洪峰流量公式为

$$\Omega_m = \left[0.278CSF \cdot \frac{P}{(x P_1)^n} \right]^{\frac{1}{1-ny}} \tag{4-4}$$

因为暴雨的一部分渗入土壤中，被土壤吸收和被植物（包括树木与草丛）的枝叶截留而蒸发，还有一些水蓄积在地面坑洼之中不能成为地表水流，并不全部成为地表的水流（这种地表水流称为径流），这种形成地表水流的径流量称为净雨，净雨以外的部分称为暴雨的损失。根据直接测定下渗的实验研究和分析我国各地有关小流域径流实验站实测资料，得出不同土类与土壤湿度条件下平均损失强度 μ（mm/h）与暴雨强度 a 的关系，表示为

$$\mu = Ra^{r_1} \tag{4-5}$$

式中　R——损失系数，通过查表 4-2 可知；

　　　r_1——损失指数。

通过中部几省有关实验站资料综合分析，取 $r_1 = 0.72$。

表 4-2　　　　各类土壤损失系数 R 值

土类或损失类型	I	II	III	IV	V
土壤含砂率/%	5～15	15～30	30～65	60～85	＞85
土壤含黏率/%	60～30	30～15	15～3	＜3	
前期土壤湿润的 R 值	0.5	0.76	0.98	1.16	2.08
前期土壤中等湿润的 R 值	0.63	0.87	1.06	1.59	2.61
前期土壤干旱的 R 值	0.76	0.98	1.16	2.08	

结合实际情况，L 取为 110m，F 取为 1.17km²，计算可得雨强分别为 30mm/h、60mm/h、90mm/h 时，径流量分别为 3.02m³/h、8.79m³/h、16.96m³/h。而由于模型槽中堆积体宽度比例与实际堆积体宽度比例基本为 1∶60，以此进行比例折减。同时，由于试验时仅考虑堆积体所受到上游径流来水的冲刷侵蚀作用，也需对堆积体所处位置的上游流域面积进行量算，计算其所占全部流域面积的比重为 43%，以此来进行相应的比例折减。最终得到对应的径流量分别为 0.11m³/h、0.37m³/h、0.76m³/h。

根据水力学方程式，得出主河槽内洪水沿程平均流速 V（m/s）为

$$V_1 = A_1 I_1^{0.35} Q_m^{0.31} \tag{4-6}$$

式中　I_1——主河槽断面附近河段的坡度，‰；

A_1——主河槽流速系数，具体计算式为

$$A_1 = 0.0576 m_1^{0.60} \frac{\alpha^{0.15}}{(1+\alpha)^{0.46}} \qquad (4-7)$$

式中　m_1——河槽糙率；

　　　α——河槽断面形状系数，相当于水深为 1m 时的半个河宽的米数。

只要确定了主河槽沿程平均流速，根据主河槽的长度 L_1（km），就可以计算出主河槽汇流时间（τ_1），即

$$\tau_1 = \frac{L_1}{V_1} = \frac{L_1}{A_1 I_1^{0.35} Q_m^{0.31}} \qquad (4-8)$$

因时间 τ_1（h），L_1 换算系数为 0.278，则

$$\tau_1 = \frac{0.278 L_1}{A_1 I_1^{0.35} Q_m^{0.31}} \qquad (4-9)$$

山坡水流的汇流速度 V_2（m/s）按照铁道部科学研究院西南所的坡流实验及水力学公式推导，得出山坡不稳定流速接近山坡末端断面的流速为

$$V_2 = A_2 I_2^{\frac{1}{2}} q_m^{\frac{1}{4}} \qquad (4-10)$$

式中　q_m——坡脚的单宽流量，$\mathrm{m^3/(s \cdot km)}$；

　　　I_2——山坡平均坡度，‰；

　　　A_2——山坡流速系数。

同理，山坡汇流时间 τ_2（h）为

$$\tau_2 = \frac{0.278 L_2}{A_2 I_2^{\frac{1}{2}} q_m^{\frac{1}{4}}} \qquad (4-11)$$

因为

$$q_m = \frac{Q_m}{F} - L_2 \qquad (4-12)$$

所以

$$\tau_2 = \frac{0.278 L_3^{0.5} F^{0.5}}{A_2 I_2^{0.33} Q_m^{0.5}} \qquad (4-13)$$

根据水文模型实验的资料，证明流域的汇流时间等于山坡汇流时间加河槽汇流时间，即 $\tau = \tau_1 + \tau_2$ 因此

$$\tau = \frac{0.278 L_1}{A_1 I_1^{0.35}} \cdot \frac{1}{Q_m^{0.31}} + \frac{0.278 L_3^{0.5} F^{0.5}}{A_2 I_2^{0.33}} \cdot \frac{1}{Q_m^{0.5}} \qquad (4-14)$$

经过计算可得，当雨强分别为 30mm/h、60mm/h、90mm/h 时，汇流时间分别为 63m、98m、52m。

进行试验时，采用一台水泵进行抽水，将其抽出的水流经过软管，放置于 V 形槽的上端，将软管端口进行处理，使水流分散，自然流经 V 形槽表面，以此来模拟径流形成情况，并根据试验工况中雨强的不同取值分别利用流量表对其流量进行控制。

4.3 试验结果与分析

试验中通过降雨设备的电子控制仪控制降水量，观察不同试验条件下堆积物的侵蚀变化过程，直至松散堆积物启动形成泥石流。试验中记录试验过程对应的含水率、孔隙水压力和泥石流启动时间，将数据采集系统中数据的采集时间间隔设置为 15s 扫描一次。

4.3.1 质量含水率曲线结果与分析

对不同工况下的物源土体进行人工降雨模型试验，经过数据采集系统中水分仪测得的数据进行整理得到试验过程中质量含水率的变化过程，结果如图 4-8 所示。

从同一工况不同位置的土体质量含水率数据来看，其变化趋势为：

（1）土体含水率刚开始变化较缓，基本保持不变，雨强越小，这一过程持续时间越长；这点可能是由于在试验中所用人工降雨设备从开启到启动需要一定的时间，达到工况要求的雨强需要设备有

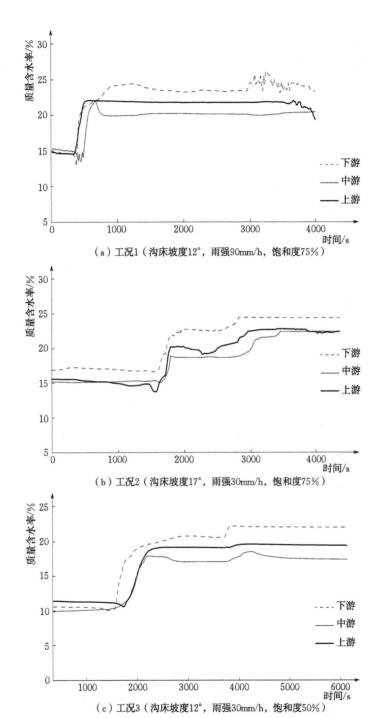

（a）工况1（沟床坡度12°，雨强90mm/h，饱和度75%）

（b）工况2（沟床坡度17°，雨强30mm/h，饱和度75%）

（c）工况3（沟床坡度12°，雨强30mm/h，饱和度50%）

图 4-8（一） 不同试验工况下土体质量含水率曲线图

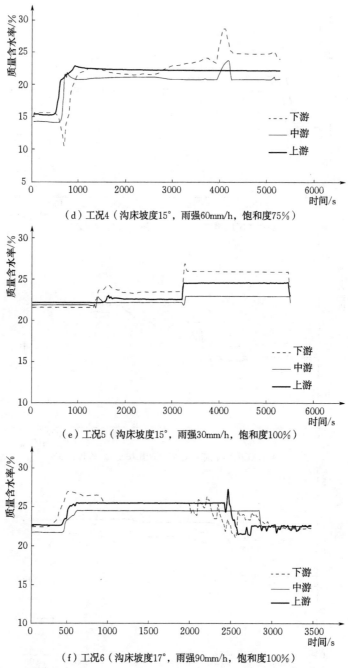

（d）工况4（沟床坡度15°，雨强60mm/h，饱和度75%）

（e）工况5（沟床坡度15°，雨强30mm/h，饱和度100%）

（f）工况6（沟床坡度17°，雨强90mm/h，饱和度100%）

图4-8（二）　不同试验工况下土体质量含水率曲线图

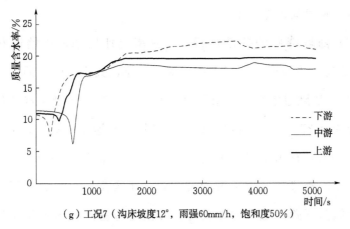

（g）工况7（沟床坡度12°，雨强60mm/h，饱和度50%）

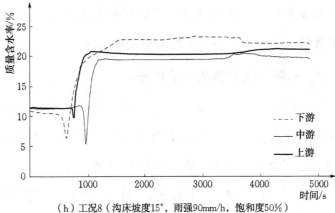

（h）工况8（沟床坡度15°，雨强90mm/h，饱和度50%）

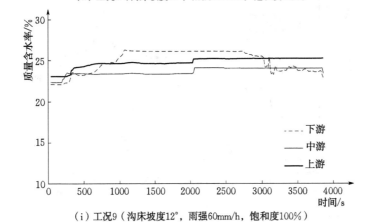

（i）工况9（沟床坡度12°，雨强60mm/h，饱和度100%）

图4-8（三）　不同试验工况下土体质量含水率曲线图

一定的调整时间所造成的。

（2）随着降雨的持续进行，含水率迅速增加，初始饱和度为100％工况下的物源土体其质量含水率会超过其饱和时的质量含水率23.43％，达到过饱和，其余工况下的物源土体其质量含水率均达到或无限接近23.43％；说明土体产生破坏时其饱和度基本为100％。

（3）可以看出不管试验开始时上中下游的质量含水率为多少，最终的基本趋势基本为下游的质量含水率最高，中游的最低；这点可能是因为下游的土体厚度较薄，降雨更容易渗透至土体中部，而上游的土体受到径流作用的影响，土体质量含水率也较高，但是由于土体厚度较大，因此，小于下游的质量含水率。

4.3.2 孔隙水压力曲线结果与分析

对不同工况下的物源土体进行人工降雨模型试验，经过数据采集系统中渗压计的孔隙水压力感应测得的数据进行整理得到试验过程中孔隙水压力的变化过程，结果如图4-9所示。

由图4-9可知，不同工况下的土体孔隙水压力具有以下变化趋势：

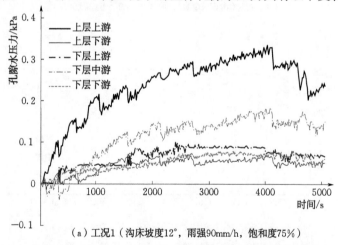

（a）工况1（沟床坡度12°，雨强90mm/h，饱和度75％）

图4-9（一）　不同试验工况下孔隙水压力变化过程曲线图

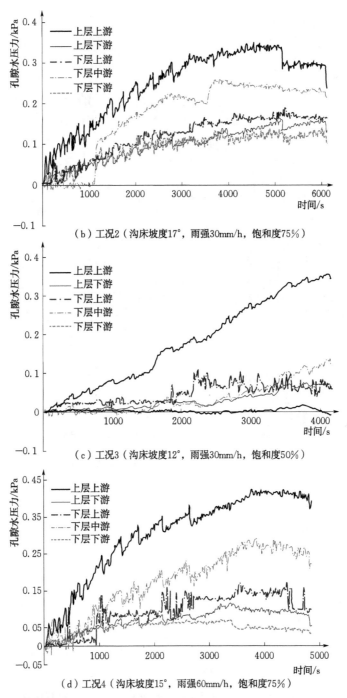

（b）工况2（沟床坡度17°，雨强30mm/h，饱和度75%）

（c）工况3（沟床坡度12°，雨强30mm/h，饱和度50%）

（d）工况4（沟床坡度15°，雨强60mm/h，饱和度75%）

图4-9（二）　不同试验工况下孔隙水压力变化过程曲线图

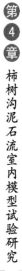

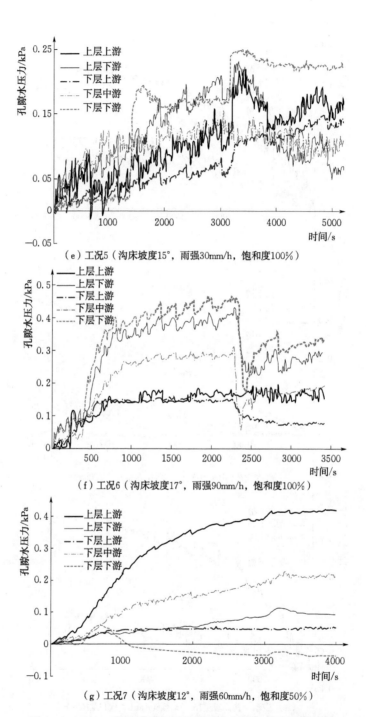

（e）工况5（沟床坡度15°，雨强30mm/h，饱和度100%）

（f）工况6（沟床坡度17°，雨强90mm/h，饱和度100%）

（g）工况7（沟床坡度12°，雨强60mm/h，饱和度50%）

图4-9（三）　不同试验工况下孔隙水压力变化过程曲线图

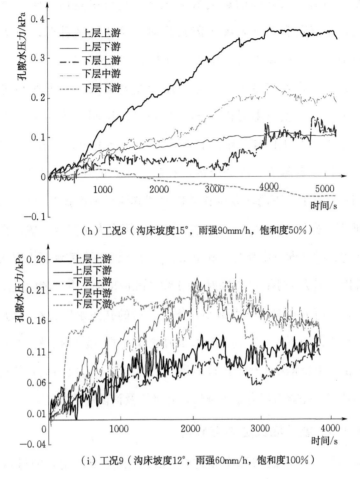

（h）工况8（沟床坡度15°，雨强90mm/h，饱和度50%）

（i）工况9（沟床坡度12°，雨强60mm/h，饱和度100%）

图4-9（四）　不同试验工况下孔隙水压力变化过程曲线图

（1）物源土体产生破坏前其孔隙水压力增长较快，呈现波动上升的趋势，随后保持稳定然后逐渐下降的趋势；说明孔隙水压力的增大对土体强度具有很大影响，堆积体在水流渗透作用下孔隙水压力逐渐增大，随着堆积体逐渐饱和，此时孔隙水压力增至最大，使饱和堆积体稳定性降低并达到失稳，最终启动形成泥石流，对应孔隙水压力也迅速减小。

（2）即时雨强越大，孔隙水压力先迅速增大然后保持稳定后又迅速降低的趋势越明显，且孔隙水压力曲线上下波动越明显；说明孔隙水压力对即时雨强的影响较为敏感，这可能是由于降雨过程中产生的振动载荷和雨水入渗等因素易对物源土体的孔隙水压力产生影响所造成的，雨强越大，孔隙水压力变化越为明显。

（3）初始含水率越大，孔隙水压力先增大然后降低的趋势也越明显，但该趋势没有即时雨强的影响明显；说明土体初始含水率对孔隙水压力的变化也有一定的影响，这可能是由于初始含水率越大，其后期渗透系数越小，渗透越慢，孔隙水压力的变化也越小。

同一工况下，不同埋设位置的传感器其测得的数据具有以下趋势：①当即时雨强为 90mm/h 时，下游的孔隙水压力大于其余位置测得的孔隙水压力；②当即时雨强为 60mm/h 时，中上游的孔隙水压力最大，下游的孔隙水压力最小；③当即时雨强为 30mm/h 时，中上游的孔隙水压力最大，下游的孔隙水压力最小，下层下游的孔隙水压力甚至为负值。说明堆积土体的下游位置其孔隙水压力受即时雨强的影响最为明显。这可能是由于下游堆积土体的厚度较薄，雨强越大，形成的地表径流流经至此的越多，孔隙水压力累积越快，并来不及消散所造成的。

4.3.3 温度曲线结果与分析

对不同工况下的物源土体进行人工降雨模型试验，经过数据采集系统中渗压计的温度感应测得的数据进行整理得到试验过程中土体温度的变化过程，结果如图 4-10 所示。

由图 4-10 可知，在试验过程中每种工况下的土体温度有如下变化趋势：

（1）在整个降雨过程中，温度都呈现出波动性上升；说明土体在含水率逐渐增加并最终达到剪切破坏的过程中一直存在剧烈的能量交换。

（2）结合物源土体产生剪切破坏时的监测时间数据，可以看出土体在产生剪切破坏后其温度趋于稳定；说明土体的剪切破坏达到稳定后，产生的能量交换较小。

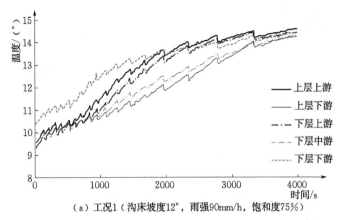

（a）工况1（沟床坡度12°，雨强90mm/h，饱和度75%）

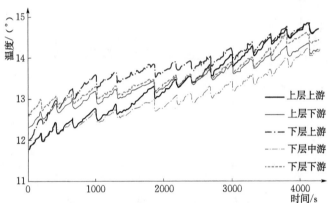

（b）工况2（沟床坡度17°，雨强30mm/h，饱和度75%）

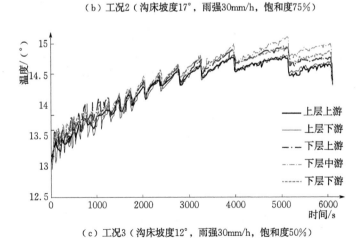

（c）工况3（沟床坡度12°，雨强30mm/h，饱和度50%）

图4-10（一）　不同试验工况下土体温度变化过程曲线图

沟道泥石流堆积体复活启动机制研究

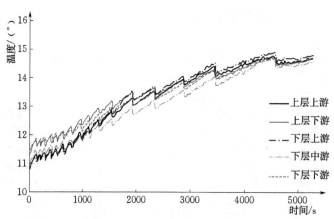

（d）工况4（沟床坡度15°，雨强60mm/h，饱和度75%）

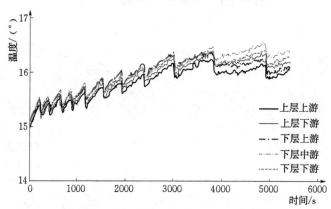

（e）工况5（沟床坡度15°，雨强30mm/h，饱和度100%）

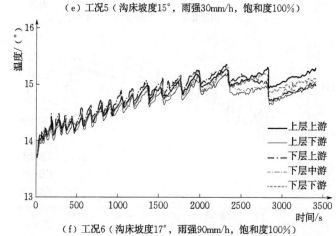

（f）工况6（沟床坡度17°，雨强90mm/h，饱和度100%）

图4-10（二）　不同试验工况下土体温度变化过程曲线图

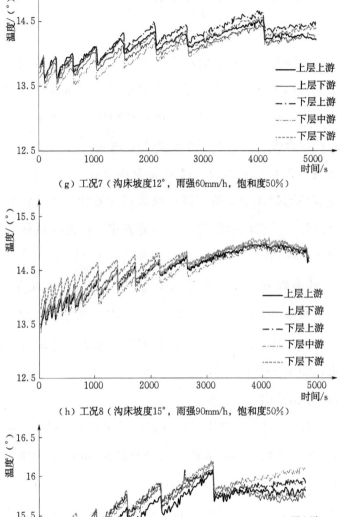

（g）工况7（沟床坡度12°，雨强60mm/h，饱和度50%）

（h）工况8（沟床坡度15°，雨强90mm/h，饱和度50%）

（i）工况9（沟床坡度12°，雨强60mm/h，饱和度100%）

图4-10（三）　不同试验工况下土体温度变化过程曲线图

4.3.4 泥石流启动结果与分析

4.3.4.1 试验记录

通过试验观察发现，即时雨强的大小对泥石流的形成和冲出方量影响最大，因此下面分别对不同雨强条件下的试验工况的试验结果进行说明。（由于试验中可以发现，堆积体的启动是先有冲沟形成，随后冲沟慢慢扩大，然后被地表径流冲刷带走形成泥石流；或者是先在坡脚出现拉张裂隙，随后裂隙逐渐扩大，坡脚失稳垮塌，随后在地表径流的作用下被逐渐冲刷形成泥石流。因此泥石流的形成是一个过程，其启动的临界点不容易界定，因此在试验中未记录泥石流启动时间。）

1. 即时雨强为 30mm/h 时（工况 2、工况 3、工况 5）

试验中观察可知，工况 2、工况 3、工况 5 条件下堆积体仅形成冲沟，且堆积体后缘部分先产生拉张裂隙，接着在持续降雨过程中产生蠕滑，如图 4-11 所示。

其具体记录如下：

（1）工况 2：冲沟在降雨试验开始后第 69min 形成，只存在于距坡脚 15cm 处，宽约 5cm，坡脚产生蠕滑并在 3min 后垮塌，冲出距离约 8cm，冲出方量为 2.7kg。

（2）工况 3：冲沟在降雨试验开始后第 106min 形成，最终长度距坡脚 30cm 处，宽约 6cm，坡脚长度约 10cm 的堆积体产生蠕滑，并随着持续降雨不断地小规模蠕滑直至最终稳定。

（3）工况 5：第一条冲沟在降雨试验开始后第 51min 形成，冲沟两侧土体逐渐向冲沟内垮塌，然后 6min 后第二条冲沟出现，冲沟两侧土体也慢慢向内垮塌，填筑冲沟底部；再经过 6min，冲沟逐渐稳定，该状态保持至降雨过程结束。较窄的一条冲沟宽约 3cm，较宽

（a）工况2　　　　　　　　　（b）工况3

（c）工况5

图 4-11　工况 2、工况 3、工况 5 试验结果及所形成的冲沟

的一条冲沟宽约 7cm，汇集所形成的冲沟平均宽约 11cm。坡脚长度约 20cm 的堆积体产生蠕滑，并随着持续降雨不断地小规模蠕滑直至最终稳定。

2. 即时雨强为 60mm/h 时（工况 4、工况 7、工况 9）

试验中观察可知，工况 4、工况 7、工况 9 条件下堆积体均先形成冲沟，随后冲沟逐渐扩大，其中工况 7 和工况 9 的堆积体后缘部分沿着冲沟一侧的土体，在持续降雨过程中产生蠕滑并最终冲出形成泥石流，如图 4-12 所示。

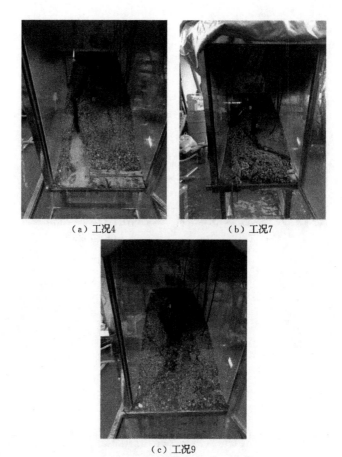

（a）工况4　　　　　　　　（b）工况7

（c）工况9

图 4-12　工况 4、工况 7、工况 9 试验结果

其具体记录为：

（1）工况 4：冲沟在降雨试验开始后第 68min 形成，先从堆积体的中部产生，并由于降雨作用所形成的径流不断对其产生冲刷侵蚀，冲沟不断下切扩大，最终稳定下来后平均宽约 8cm，冲沟长约 90cm，冲出方量为 5.2kg。

（2）工况 7：冲沟在降雨试验开始后第 70min 形成，最终长度距坡脚 80cm 处，且冲沟一侧的堆积体在降雨和径流作用下不断被冲刷侵蚀，并被裹挟走形成泥石流，冲出方量为 17kg。

（3）工况 9：第一条冲沟在降雨试验开始后第 20min 形成，随后

4min 在其侧 8cm 处形成第二条冲沟，8min 后两条冲沟联通，同时冲沟在降雨和径流作用下被冲刷侵蚀不断扩大，冲沟平均宽约 14cm，最宽处为尾处，宽约 20cm。冲沟长约 90cm，冲出方量为 29kg。

3. 即时雨强为 90mm/h 时（工况 1、工况 6、工况 8）

试验中观察可知，工况 1、工况 6、工况 8 条件下堆积体仅形成冲沟，且堆积体后缘部分先产生拉张裂隙，接着在持续降雨过程中产生蠕滑，如图 4-13 所示。

（a）工况1　　　　　　　（b）工况6

（c）工况8

图 4-13　工况 1、工况 6、工况 8 试验结果

具体记录如下：

（1）工况1：在降雨试验开始的第17min时，堆积体表面出现径流，冲沟在随后的10min后形成，并由于降雨作用所形成的径流不断对其产生冲刷侵蚀，冲沟不断下切扩大，最终稳定下来后平均宽约12cm，冲沟长约90cm，坡脚产生蠕滑并不断向后垮塌，在径流形成的流体带动下一同被裹挟带走，形成泥石流，最终冲出距离约20cm，冲出方量为48kg。

（2）工况6：在降雨试验开始的第20min时，在堆积体后缘距坡脚15cm处出现拉张裂隙，宽约1cm，在随后的10min后形成二条冲沟，均宽约8cm，两条冲沟在距坡脚约55cm处交汇，形成冲沟约15～20cm宽，最终冲出方量为57.9kg。

（3）工况8：第一条冲沟在降雨试验开始后第57min形成，随后2min在其侧20cm处形成第二条冲沟，4min后两条冲沟在距坡脚20cm处交汇，同时冲沟在降雨和径流作用下被冲刷侵蚀，不断下切扩大，冲沟平均宽约9cm，最宽处为尾处，宽约20cm。坡脚在径流形成的流体带动下一同被裹挟带走，形成泥石流，冲出方量为32kg。

4.3.4.2　正交分析

根据试验观测结果，将不同工况下冲沟形成时间和物源土体最终冲出方量结果汇总见表4-3。

表4-3　　　　　　　　试验结果汇总表

工况	冲沟形成时间/m	冲沟形成时累积雨量/mm	冲出方量质量/kg
1	27	40.5	48
2	69	34.5	2.7
3	106	53	0
4	68	68	5.2
5	57	28.5	3.5

工况	冲沟形成时间/m	冲沟形成时累积雨量/mm	冲出方量质量/kg
6	20	30	57.9
7	70	70	17
8	57	85.5	32
9	20	20	29

结合试验工况表，对试验结果进行正交设计的方差分析法进行分析，采用 SPSS 软件，冲沟形成时间和物源土体最终冲出方量分别为因变量，3 种因子为规定变量，考察各因素的主效应，选用邓肯氏多重比较，得出结果。

1. 冲沟形成时间的正交分析

由软件得出各因子对因变量的影响分析见表 4-4。

表 4-4　　　　　　　因子间效应检验结果表

源	Ⅲ型平方和	df	均　方
校正模型	5844.000ᵃ	8	730.500
截距	27556.000	1	27556.000
沟床坡度	92.667	2	46.333
雨强	2122.667	2	1061.333
饱和度	2906.000	2	1453.000
误差	0.000	0	.
总计	33400.000	9	
校正的总计	5844.000	8	

由方差分析可知，3 个因子对冲沟形成时间的影响的主次关系是饱和度大于雨强沟床坡度。其中饱和度和雨强对因变量的影响显著大于其余 2 个因子，而沟床坡度对因变量的影响比较小。

同时可以通过软件绘制出的直观图来得出最优组合，如图 4-14 所示。

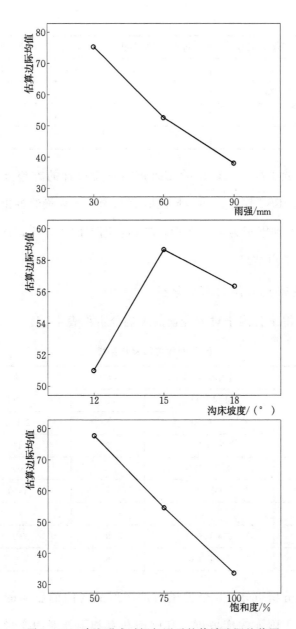

图 4-14　冲沟形成时间与因子的估计边际均值图

通过图 4-14，可以直观地看出从 3 个因素中选择最好的水平，得到最佳组合为雨强 30mm/h，沟床坡度 15°，饱和度 50%。

2. 物源土体冲出方量的正交分析

因子间效应检验结果见表 4-5。

表 4-5　　　　　　　　因子间效应检验结果表

源	Ⅲ型平方和	df	均　方
校正模型	3618.980^a	8	452.373
截距	4238.010	1	4238.010
沟床坡度	297.740	2	148.870
雨强	2987.420	2	1493.710
饱和度	327.980	2	163.990
误差	0.000	0	.
总计	7856.990	9	
校正的总计	3618.980	8	

由方差分析可知，4 个因子对物源土体冲出方量的影响的主次关系是：雨强＞饱和度＞沟床坡度。其中雨强对因变量的影响显著大于其余 3 个因子，其中沟床坡度和饱和度的影响显著性差别不大。

同时可以通过软件绘制出的直观图来得出最优组合，如图 4-15 所示。

通过图 4-15，可以直观地看出从 3 个因素中选择最好的水平，得到最佳组合为雨强 90mm/h，沟床坡度 17°，饱和度 100%。

4.3.4.3　结果分析

通过上述分析可知，饱和度和雨强是对冲沟形成时间的影响最主要的因子；雨强是对物源土体冲出方量影响最主要的因子，其次为饱和度和沟床坡度，其中沟床坡度对形成的泥石流规模的影响略小于土体初始饱和度对泥石流规模的影响。这个结果也与试验观察结果相吻合。

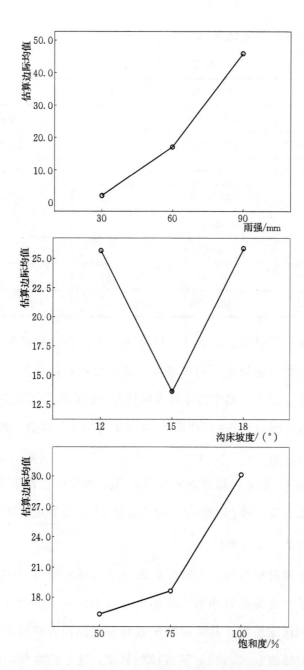

图 4-15 冲出方量与因子的估计边际均值图

同时结合试验观察到的结果分析可知：

（1）当即时雨强为 30mm/h 时，不论其余因子取值多少，堆积体均不会发生泥石流，只会出现冲沟，并且坡脚堆积体有部分蠕滑现象。

（2）当即时雨强为 60mm/h 时，当沟床坡度为 17°时，即使其土体初始饱和度只有 50％，在当期累积雨量达到 70mm 时也会发生泥石流；当土体初始饱和度为 100％时，即使其沟床坡度仅为 12°时，在当期累积雨量达到 20mm 时也会发生泥石流；当沟床坡度为 15°、初始含水率为 75％时，仅有很少方量的物源土体被冲出，无法形成泥石流。因此，即时雨强为 60mm/h 时，泥石流启动所需的条件为沟床坡度 17°或者土体初始饱和度为 100％，此时泥石流堆积体部分启动。

（3）当即时雨强为 90mm/h 时，必发生泥石流。当沟床坡度为 12°，土体初始饱和度为 75％时，在当期累积雨量达到 40.5mm 时会发生泥石流；当沟床坡度为 17°，土体初始饱和度为 100％时，在当期累积雨量达到 30.5mm 时会发生泥石流；当沟床坡度为 15°，土体初始饱和度为 50％时，在当期累积雨量达到 85.5mm 时会发生泥石流。此时泥石流堆积体出现大范围启动，甚至出现"揭底"现象。

4.4　本章小结

本章通过对物源土体进行的人工降雨模型试验的设计及开展，得到以下主要结论：

（1）泥石流启动时，物源土体含水量达到甚至超过饱和含水量，而位于下游的土体在位置上处于优势地位，其含水量上升更快，最终含水量也更高，因此，堆积体启动破坏最先从坡脚开始。

（2）物源土体产生破坏前其孔隙水压力增长较快，呈现波动上升的趋势，在土体产生破坏后孔隙水压力迅速下降，即时雨强越大或者初始含水率越大，孔隙水压力先增大然后降低的趋势越明显，而孔隙水压力对即时雨强的影响最为敏感，同时孔隙水压力曲线上下波动越明显。而位于下游的土体其孔隙水压力受即时雨强的影响最为明显，其在降雨过程中坡脚的土体强度指标下降得更快，更易失稳启动形成泥石流，说明孔隙水压力的增大对土体强度具有很大影响。这个结论也和含水率变化规律相吻合。

（3）在整个降雨过程中，土体温度都呈现出波动性上升，说明土体在含水率逐渐增加并最终达到剪切破坏的过程中一直存在剧烈的能量交换；而土体在产生剪切破坏后其温度趋于稳定，说明土体的剪切破坏达到稳定后，产生的能量交换较小。

（4）通过正交设计分析，可知对冲沟形成时间的影响的因子主次关系为饱和度＞雨强＞沟床坡度，其中饱和度和雨强对因变量的影响显著大于其余两个因子，而沟床坡度对因变量的影响比较小；对物源土体冲出方量的影响的因子主次关系为雨强＞饱和度＞沟床坡度，其中雨强对因变量的影响显著大于其余3个因子，其中沟床坡度和饱和度的影响显著性差别不大。

（5）结合试验结果可知，对柿树沟来说，即时雨强为 30mm/h 时，泥石流不会发生；即时雨强为 60mm/h 时，当沟床坡度为 17°时，即使其土体初始饱和度只有 50%，在当期累积雨量达到 70mm 时也会发生泥石流；当土体初始饱和度为 100%时，即使其沟床坡度仅为 12°时，在当期累积雨量达到 20mm 时也会发生泥石流；当沟床坡度为 15°、初始含水率为 75%时，仅有很少方量的物源土体被冲出，无法形成泥石流。因此即时雨强为 60mm/h 时，泥石流启动所需的条件为沟床坡度 17°或者土体初始饱和度为 100%，此时泥石流堆积体部分启动。当即时雨强为 90mm/h 时，必发生泥石流。当沟床坡度为 12°、土体初始饱和度为 75%时，在当期累积雨量达到 40.5mm 时会发生泥石流；当沟床坡度为 17°，土体初始饱和度为 100%时，在当期累积雨量达到 30.5mm 时会发生泥石流；当沟床坡度为 15°、土体初始饱和度为 50%时，在当期累积雨量达到 85.5mm 时会发生泥石流。此时泥石流堆积体出现大范围启动，甚至出现"揭底"现象。

第5章　柿树沟泥石流启动机理与数值模拟研究

　　泥石流作为近年来一种常见的地质灾害，其爆发具有突发性且危害严重的特点，每年造成的经济损失和人员伤亡均很大。但由于其成因复杂，治理成本高，目前仍无有效的手段对其进行治理与控制。多年来，国内外学者们对泥石流展开了大量的研究，其中关于泥石流启动的研究是泥石流研究的重点之一，并对泥石流防灾减灾工作具有重要的指导意义。

　　要想了解泥石流启动机理，需清楚泥石流发生的过程和在泥石流形成过程中土体特征参数的变化规律，以及在满足何种条件下土体产生剪切破坏，最终导致堆积体失稳启动形成泥石流。

　　沟道泥石流形成过程可分为前期准备阶段和物源启动破坏阶段两部分。其中前期准备阶段为物源土体在受到外界因素影响的情况下，土体强度以及孔隙水压力等指标发生变化，内部应力应变也发生变化，逐渐接近临界状态，并最终达到临界破坏点；物源启动破坏阶段为土体强度在达到临界破坏点后，在外力进一步作用下，物源堆积体失稳破坏，启动形成泥石流。本章基于第 3 章的物理力学参数试验的结果和第 4 章人工降雨模型试验的结果，将土体基本物理化学特性与强度特性结合起来，对实验现象进行了详细解释并探讨了沟道泥石流堆积体启动机理。

5.1 沟道泥石流堆积体启动机理分析

5.1.1 沟道泥石流堆积体的复活启动

结合地面调查结果和物理模型试验过程可以认为，就柿树沟而言，沟道泥石流堆积体的复活启动过程由前期准备阶段和物源启动破坏阶段进一步细化为以下四个阶段：前期降雨→当期降雨，径流形成，土体表面冲刷侵蚀→土体强度继续下降，接近临界稳定状态→土体达到临界稳定状态并失稳、堆积体启动，泥石流形成。

1. 前期降雨阶段

主要表现为物源土体从原始天然含水率开始，在降雨入渗的作用下，含水率不断增大，此时土体未达到 100% 饱和。

降雨入渗过程可以分成为两个阶段如图 5-1 所示。其中：第一阶段（AB 段）称为供水控制阶段；第二阶段（BC 段）称为土壤入渗率控制阶段。前一阶段称为无压入渗或自由入渗，后一阶段称为积水或有压入渗。物源土体在降雨初期，由于其比较干燥，天然含水率比较低，其吸水能力较强。降雨初期即图 5-1 中的 AB 段时，土体的吸水能力大于等于降雨强度，雨水几乎全部被土体吸收，雨水入渗的速率取决于供水能力，此时未形成地表径流，后期土体因降雨的持续进行，其含水率迅速提高，甚至土体饱和度接近 100%，吸水能力急剧下降。

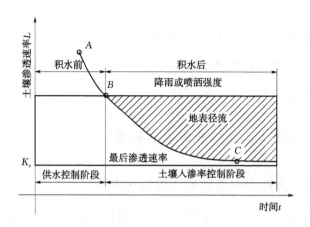

图 5-1　降雨入渗时间和过程示意图

2. 当期降雨形成地表径流阶段

随着降雨的进一步进行，土体的吸水能力低于降雨强度时（图 5-1 中的 BC 段），雨水无法继续入渗，在物源堆积体表面开始形成地表径流。接着新的降雨汇入形成的地表径流中，使地表径流迅速累积增大。对土体表面形成冲刷侵蚀，其中堆积体表面地势相对较低的位置或者表面细颗粒较多的部位，更有利于地表径流的冲刷，形成细小的冲沟，然后随着持续降雨汇集的地表径流不断流经此处，冲沟不断被侵蚀下切，逐渐扩大。而冲刷堆积体表面形成的地表径流，由于其运动时伴随有泥沙等土体颗粒，甚至包括一些石块，致使其冲刷侵蚀能力进一步增强。同时在降雨过程中产生的振动载荷和雨滴对土体的滴溅作用等也在一定程度上增加了地表径流的冲刷运移能力。

该阶段使物源土体饱和度达到 100% 甚至过饱和，其入渗能力达到最大，土体基质吸力值下降，抗剪强度也急剧下降。为泥石流启动的量变开始阶段。

3．物源土体逐渐接近临界稳定阶段

在当期降雨时，由于土体内的孔隙水压力急剧上升，土体的有效应力减少。

由于有效应力公式

$$\sigma = \bar{\sigma} + u \qquad\qquad (5-1)$$

土的有效应力原理包含以下方面：

（1）土的有效应力 $\bar{\sigma}$ 等于总应力 σ 减去孔隙水压力 u。

（2）土的有效应力控制了土的变形及强度性能。

土体强度指标值也随之迅速下降，稳定性降低，逐渐接近临界稳定状态。该阶段为泥石流启动的主要量变阶段。

4．泥石流堆积体启动阶段

经过前面阶段径流对堆积体的冲刷侵蚀以及土体内部应力应变的变化，物源土体达到临界稳定状态，随着降雨的持续进行以及土体内部孔隙水压力的进一步增大，抗剪强度的进一步减小，物源土体最终失稳启动，形成泥石流。

5.1.2 物源土体的物化特性与泥石流启动关系

5.1.2.1 级配与渗透性

陡峻的地形、充足的水分和可移动固体物质是泥石流发生必需的三大条件。水是泥石流形成的重要成分，也是泥石流形成的激发条件；充足的松散碎屑物是泥石流形成必需的土源条件，土体的粗细粒含量、土石结构和嵌合方式直接影响泥石流的形成、运动和沉积。我国云南、贵州、四川、重庆等西南省市的山区，沟谷陡峻、雨量充沛、崩塌滑坡强烈，土体级配宽广，具备泥石流发生的适宜土源和环境，泥石流爆发频繁，灾害尤为严重。

研究表明，泥石流发生其土源方面应具有以下基本特点：①具有一定工程尺度和含量的粗粒成分、细粒成分、孔隙和充填状态，构成具有一定含石量的极端不均匀松散岩土介质系统；②土体组成和结构易受降雨和渗透的影响发生渗透性、强度等改变而引发斜坡溜滑或滑坡。

泥石流按照其流体性质可以分为稀性泥石流、黏泥石流和过渡性泥石流[112]。不同性质的泥石流其所形成的泥石流堆积体性质也不同。黏性泥石流密度在 $1.8 \sim 2.3 \mathrm{g/cm^3}$ 之间，浆体富含黏性物质（黏粒、小于 $0.01\mathrm{mm}$ 的粉砂）[113]。稀性泥石流密度在 $1.2 \sim 1.6\mathrm{g/cm^3}$ 之间，浆体不含或者少含黏性物质，沉淀物以粗颗粒物质为主。过渡性泥石流（也成为亚黏性泥石流[114]）密度在 $1.6 \sim 1.8\mathrm{g/cm^3}$ 之间。其主要特点是细粒浆体（小于 $2\mathrm{mm}$ 部分）的黏度比稀性泥石流多，而粗颗粒的含量比黏性泥石流少，其形成的泥石流堆积体也如此。

泥石流堆积体在形成时，粗颗粒首先沉积，细颗粒分布在表层，黏性物质含量越多，表层土体抗启动力越强，相对于黏性物质含量少的堆积体其复活可能性降低。同时一定含量和工程尺度的粗粒成分对泥石流的形成具有重要意义，粗粒形成土石结构的基本骨架，使土体具备一定的强度和抵抗变形的能力；一旦弱胶结或充填结构在饱和与渗透作用下破坏，细粒释放引起骨架破坏，导致土体失稳破坏。

由于粗粒土中粗粒骨架的架空作用，其渗透系数一般较大，由柿树沟物源土体渗透试验的结果可以得出，其平均渗透系数为 $0.114\mathrm{mm/s}$。因此土体渗透性较黏性土大得多，这使得雨水很容易渗入土体内部，并在短时间内改变土体的力学性质，软化土体，从而使泥石流迅猛爆发，泥石流土体良好的渗透性为泥石流形成和启动创造了有利条件。

5.1.2.2　泥石流土体强度与泥石流启动关系

郭庆国认为：粗粒土的抗剪强度由三部分组成，即细料本身的强度、粗料间的强度和粗细料间的强度。当粗料含量小于30％时，抗剪强度随粗料含量的增加稍有增大，但基本上仍决定于细料；当粗料含量在30％～70％范围内时，抗剪强度随粗料含量增加显著增大；当粗料含量大于70％时，因细料填不满粗料孔隙，这时抗剪强度主要取决于粗料之间的摩擦力和咬合力，因而抗剪强度不再提高。

根据颗分试验可知，柿树沟物源土体中粗料含量在30％～70％范围内时，土体的抗剪强度主要由粗粒的性质决定，随着粗粒含量的增加而显著增大。

对物源土体进行的大直剪试验可知，土体的黏聚力与饱和度成反比关系，随饱和度的增加而减小，该现象在18％～50％的饱和度之间下降最为明显，说明黏聚力的降低主要发生在土体饱和的前期。结合渗透特性进行分析，即土体在降雨入渗的前期，由于本身比较干燥，入渗较快，土体含水率迅速上升，此时黏聚力也随之迅速降低。同时，由于柿树沟泥石流物源土体中粗粒含量较高的特性，其持水能力较低，在持续降雨条件下土体很快达到饱和，易形成地表径流，并伴随持续降雨而使其侵蚀和挟沙能力也加强，对堆积体进行冲刷侵蚀，使其失稳最终造成泥石流的发生。

从以上分析可知，沟道泥石流堆积体的启动受到本身物源土体性质以及土体在外力作用影响作用下的综合因素结合的影响，是内因和外力共同作用的结果。泥石流启动时的原理与机制，最好是从其颗粒级配、渗透性出发，结合物源土体的抗剪强度来进行综合分析。

5.1.3 沟道泥石流堆积体启动机理分析

5.1.3.1 启动原理分析

1. 天然含水率状况

柿树沟沟道形成区中的泥石流堆积体，在无明显降雨的情况下，堆积物中的含水率可以视为天然含水率，若无人为因素干扰，该堆积体就处于一种稳定的状态，不会发生破坏。堆积体受力情况如图 5-2 所示。

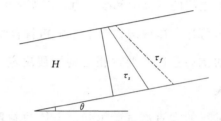

图 5-2 天然含水率状态下堆积体内应力分布图

$$\tau_s = \rho_n g H \sin\theta \tag{5-2}$$

式中　τ_s——启动力；

　　　H——泥石流堆积体厚度，m；

　　　ρ_n——泥石流堆积体天然密度，g/cm³；

　　　g——重力加速度；

　　　θ——泥石流堆积体表面坡度，(°)。

$$\tau_f = \rho_n g H \cos\theta \tan\varphi + c \tag{5-3}$$

式中　τ_f——抗启动力；

　　　c、φ——天然含水率条件下泥石流堆积体抗剪强度参数。

若堆积体保持稳定，则当 $H=0$ 时，$\tau_s < \tau_f$，且对于任意 H 满足 $\dfrac{\mathrm{d}\tau_s}{\mathrm{d}H} < \dfrac{\mathrm{d}\tau_f}{\mathrm{d}H}$。式（5-3）中假设 c 不随着深度 H 变化，故有

$$\tan\theta < \tan\varphi \tag{5-4}$$

由式（5-4）可得出结论，若沟道泥石流堆积体的坡度小于其自身的天然休止角，此时堆积体就处于稳定状态。

2. 降雨入渗状况

降雨条件下，在泥石流堆积体未达到饱和之前，降雨不断由表及里入渗，堆积体表层首先达到饱和状态，下层堆积体含水率逐渐增高，堆积体的强度不断降低，此时如果堆积体的抗启动力小于启动力，则堆积体失稳。泥石流堆积稳定状态下的体受力情况如图5-3所示。

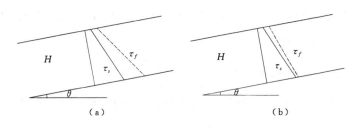

图5-3　降雨入渗时堆积体内应力分布图

$$\tau_s = \rho_{sat} g H \sin\theta \tag{5-5}$$

式中　ρ_{sat}——泥石流堆积体饱和密度，g/cm^3。

$$\tau_f = \rho_{sat} g H \cos\theta \tan\varphi_1 + c_1 \tag{5-6}$$

式中　c_1、φ_1——饱和状态下泥石流堆积体抗剪强度参数。

其他符号意义同上。

若堆积体保持稳定，则当 $H=0$ 时，$\tau_s < \tau_f$，且对于任意 H 满足 $\dfrac{d\tau_s}{dH} < \dfrac{d\tau_f}{dH}$ ［图5-3（a）］；或者 $\dfrac{d\tau_s}{dH} > \dfrac{d\tau_f}{dH}$，但是在堆积体饱和深度范围内始终满足 $\tau_s < \tau_f$ ［图5-3（b）］。式（5-6）中假设 c_1 不随着深度 H 变化，故有

$$\tan\theta < \tan\varphi_1 \tag{5-7}$$

或者

$$\tan\theta > \tan\varphi_1 \qquad\qquad (5-8)$$

$$c_1 > \rho_{sat} gD\cos\theta(\tan\theta - \tan\varphi_1) \qquad (5-9)$$

式中　D——堆积体饱和深度，m。

其他符号意义同上。

由式（5-7）可得出结论，若沟道泥石流堆积体的坡度小于其自身的饱和内摩擦角，此时堆积体就处于稳定状态；或者同时满足式（5-8）和式（5-9），堆积体也处于稳定状态。

根据现场走访调查结果显示，柿树沟已经多年未发生泥石流，说明泥石流堆积体在以往的降雨条件下保持稳定状态，即使饱和状态下也未出现失稳情况。

3. 土体启动过程

根据极限平衡理论和非饱和土理论，试验槽上的物源土体随着降雨入渗和土体的不断饱和过程中，土体的剪切强度和抗剪强度可表达为

$$\tau = w_s \sin\alpha + \tau_s \qquad\qquad (5-10)$$

式中　τ——土体的剪切强度；

　　　τ_s——由渗透力引起的强度分量；

　　　w_s——土体重力。

$$\tau_f = c + (\sigma - u_a)\tan\varphi' + (u_a - u_w)\tan\varphi^b \qquad (5-11)$$

式中　c——土体黏聚力；

u_a、u_w——孔隙气压力和孔隙水压力；

φ'、φ^b——土体有效内摩擦角和随基质吸力变化的摩擦角。

$$\tau_f = c' + (\sigma - u_w)\tan\varphi' \qquad\qquad (5-12)$$

式中　τ_f——抗剪强度；

　　　c'——土体有效黏聚力。

在降雨前，试验土体处于非饱和土状态，由于基质吸力的作用，土体的抗剪强度比较高，土体处于稳定状态 [式（5-11）中的 (u_a-u_w) $\tan\varphi^b$ 项增加土体的抗剪强度]。随着降雨的过程，一方面，土体的初始水位不断增大，导致剪切强度逐渐增大 [式（5-10）]；另一方面，雨水入渗导致土体不断饱和，基质吸力不断降低；如果土体完全饱和，基质吸力就会降为 0；抗剪公式从式（5-11）向式（5-12）转变。降雨入渗过程中水位上升，使得土体的孔隙水压力不断升高，这导致土体的抗剪强度 τ_f 降低。

降雨试验中水体的快速流动增大了渗透力下滑分量 τ [式（5-10）]，水体在从非饱和过渡到饱和阶段，不同部位的水体由于存在水头压力差，导致水体在土体内部产生流动，这种水体的流动会对砂土颗粒产生渗透力随着水体流度的增大，如果土体剪切强度大于抗剪强度$(\tau>\tau_f)$时，堆积土体将会向下分离和滑动，最后在重力、渗透力和雨水冲刷携带等多重作用下，形成流动下滑状态，并最终形成泥石流。

由孔隙水压力曲线图的变化可知，由于底部为不透水层，孔隙水不能排除，孔隙水必须承受由于空隙度的减少而产生的挤压力，孔隙水压力不能消散。同时原来疏松颗粒，当大量水渗入后开始悬浮，以致骨架压力转化为剩余压力。此时，垂直于剪切面的有效应力，由于受到这种孔隙压力的增加而减少。测量过程中，当土体结构变化后，由于砂颗粒之间的抗剪强度增加，孔隙水压力受到抗剪强度的影响，孔隙水压力的增加主要是由纯剪切变形引起的。

基质吸力提供土体的黏聚力主要来自于土—水特征曲线的主要变化区（为毛细水作用区）。倘若土体内的水逐渐减少或增加至接近饱和时，毛细作用消失，则无法产生土体的黏聚力。因此，在全干和全湿的情况下，砂土没有黏聚力。

由试验观察可知，泥石流的启动状态为：在降雨全过程中，堆积土体于坡脚处首先出现裂隙，裂隙宽度发展迅速，随后土体才在孔隙水压力与上部降雨共同的作用下部分或绝大部分转化为泥石流。从试验的现象可知，堆积土体在向泥石流转化过程中，上部土体的启动受到基质吸力的影响较大，基质吸力提供的黏聚力直接影响着上部土体的启动体积，而下部土体的启动受到孔压的影响较大。在大雨强状态时，来不及下渗的表面径流层形成盖层，又可称为积水下渗过程。盖层下孔隙水无法自由消散，产生的孔隙压力剧增，导致土体液化，稳定性下降最终形成泥石流。

5.1.3.2　不同雨强状态下启动破坏形式分析

通过试验结果可知，柿树沟沟道堆积体在中雨强和大雨强状态下形成泥石流时，其物源土体均达到饱和甚至过饱和。这点同前人的研究结果相同，即当上游来流冲刷沟道内松散堆积物时逐渐使堆积物饱和，稳定休止角也相应减小[114]，当沟床坡度大于堆积物饱和休止角时，堆积物将在水流作用下失稳转化为泥石流[115]，具有明显的流态化特点[116]。

1. 中雨强状态

随着降雨的持续，物源土体含水率迅速增加，此时其孔隙水压力增长较快，呈现波动上升的趋势，说明堆积体在水流渗透作用下孔隙水压力逐渐增大。随着堆积体逐渐饱和，堆积体抗剪强度降低，稳定性随之进一步降低并达到临界稳定状态。地表径流对堆积体表面进行冲刷侵蚀，形成冲沟，此时孔隙水压力增至最大，其中坡脚的质量含水率高于其他位置，坡脚土体产生液化。当饱和土体在进一步的降雨以及地表径流的作用下失稳，土体孔隙水压力逐渐下降，此时从堆积体从坡脚开始破坏，部分堆积体启动，泥石流形成。

当即时雨强为 60mm/h 时，当沟床坡度为 17°时，即使其土体初始饱和度只有 50％，在当期累积雨量达到 70mm 时也会发生泥石流；当土体初始饱和度为 100％时，即使其沟床坡度仅为 12°时，在当期累积雨量达到 20mm 时也会发生泥石流；当沟床坡度为 15°、初始含水率为 75％时，仅有很少方量的物源土体被冲出，无法形成泥石流。因此，即时雨强为 60mm/h 时，泥石流启动所需的条件为沟床坡度 17°或者土体初始饱和度为 100％，此时泥石流堆积体部分启动。

2. 大雨强状态

随着降雨的持续，物源土体迅速达到饱和甚至过饱和，此时其孔隙水压力迅速增长，呈现明显的波动上升趋势。同时大雨强情况下，坡脚的堆积体由于位置的优势，汇聚的地表径流较多，孔隙水压力迅速累积起来。此时堆积体在水流渗透作用下孔隙水压力迅速增大，堆积体抗剪强度降低速度较快，稳定性随之进一步降低并达到临界稳定状态，地表径流对堆积体表面进行冲刷侵蚀，形成冲沟，此时孔隙水压力迅速增至最大并保持稳定，其中坡脚的孔隙水压力相对于其他位置来说最大，物源土体开始产生液化。当饱和土体在进一步的降雨振动以及地表径流冲刷的作用下失稳，土体孔隙水压力又迅速下降，并呈现明显的波动下降趋势，堆积体从坡脚开始迅速失稳启动，泥石流形成。

其中孔隙水压力曲线波动明显的原因主要是因为在现实降雨中，特别是强降雨时，雨水从空中下落到地面时并不是均匀分布到地面，而是水蒸气在空中遇冷形成水珠，形成雨滴，在空中高速下落，重重地摔在地面上，雨强越大，雨滴越大，摔在地上的击打能量越大。雨滴的击打能量对表层土体的孔隙水压力产生重要影响，雨滴的每一次击打都会使土体内的孔隙水压力产生波动，如此反复，直至孔隙水压力高到可以产生液化而破坏形成泥石流。

当即时雨强为 90mm/h 时，必发生泥石流。当沟床坡度为 12°，土体初始饱和度为 75％时，在当期累积雨量达到 40.5mm 时会发生泥石流；当沟床坡度为 17°，土体初始饱和度为 100％时，在当期累积雨量达到 30.5mm 时会发生泥石流；当沟床坡度为 15°，土体初始饱和度为 50％时，在当期累积雨量达到 85.5mm 时会发生泥石流。此时泥石流堆积体出现大范围启动，甚至出现"揭底"现象。

5.2 沟道泥石流堆积体启动的数值模拟分析

5.2.1 颗粒流程序 SPH 介绍

5.2.1.1 研究背景

形成泥石流的松散碎屑物质多为砾石、砂砾、粉细砂和黏性土等混合而成的砾石土，具有散粒体的基本性质。松散介质（如砂体）中的颗粒位移是相互独立的，它们之间通过接触点相互作用。这种介质的离散特点决定了它们在加、卸载过程中表现出来的复杂特性，至今尚未建立起满意的本构模型。建立或验证本构关系需要大量的物理试验。然而，由于松散介质内部的应力很难直接测量，只能根据边界条件估算，给试验结果的揭示带来很多困难。新的试验手段（如 X 射线照相技术）虽然已能测量应变，但尚不能测量诸如砂体中的应力等。由于颗粒介质内部应力的这种不确定性，人们只能建立松散介质的简化模型，以便能够计算或测定其内部应力和位移。其中最常用的模型是把颗粒视为圆盘或球，用来解析、试验或数值模拟。

5.2.1.2　颗粒流程序方法

目前，主流的数值模拟方法主要有：拉格朗日有限元 FEM（Finite Element Method）方法、欧拉 Euler 方法、任意拉格朗日-欧拉方法 ALE（Arbitrary Lagrangian – Eulerian）；离散元方法主要有：SPH 方法、EFGM 方法和 RKPM 方法等。

拉格朗日有限元 FEM 方法在整个数值计算过程中，网格固定于物质上，且网格伴随着物质运动而运动，具有计算效率高的优势，而且很容易地追踪整个时间历程内的所有场变量，但在计算大变形、多介质问题时，因为网格的节点伴随着网格点上的物质运动，所以相邻节点一旦出现大的相会运动就可能遇到网格大畸变或滑移面处理等问题，最终导致计算精度降低甚至计算终断。

Euler 网格固定于模拟对象所在的空间上，模拟的对象是在网格单元上运动，故当物质流过网格时，所有的网格节点及网格单元仍然固定在空间上，不会随着时间的改变而改变，能够有效地避免网格畸变问题，但是该方法的边界定义不够精确，很难准确描述物质运动界面。任意拉格朗日-欧拉 ALE 方法具有拉格朗日有限元 FEM 和欧拉 Euler 两者方法的优点，既能够有效地跟踪物质运动界面，又可以处理大位移和大变形问题，使网格不会出现严重畸变，因此被广泛使用，但是该方法对于网格划分质量要求很高，对于不规则的模型只能划分为四面体网格，大大降低了计算精度，并且该方法的计算效率与 Lagrange 方法相比很低，且经常会出现节点速度溢出等问题。

光滑颗粒流体动力学 SPH 方法（Smoothed Particle Hydrodynamics）即光滑粒子法是一种拉格朗日无网格数值方法，它采用带质量、动量、能量的粒子构成离散计算域，不同材料的颗粒自然地构成界面，材料间的相互作用可以由颗粒间的相互作用来自然地模拟离散颗粒介质的特性，材料的变形不依赖于网格而通过颗粒的运动来描述，因此理论上能够模拟高速碰撞、爆炸加工、破碎断裂、大变形等物理现象，该方法由 Lucy 和 Gingold 等学者在 1977 年提出，起初被应用于天体物理学等问题，后来被广泛地应用于力学研究的各个领域，Swegle 等首先用 SPH 方法模拟爆炸问题，Liu 等应用 SPH 方法模拟了聚能装药的爆轰过程。然而 SPH 方法与有限元方法相比需要分配更高的内存空间，计算效率较低，因此 G. R. Johnson 等结合光滑粒子法与有限元法的优点，提出 SPH - FEM 耦合方法，在大变形区域采用 SPH 方法，小变形区域采用有限元方法，既克服了网格畸变问题又保证了计算效率。

该方法非常适合模拟泥石流这样的具有离散性质的问题。在这种颗粒单元研究的基础上，通过一种非连续的数值方法来解决含有复杂变形模式的实际问题。在岩土工程尤其是散粒体介质上的应用，就是从散粒介质的细观力学特征出发，把材料的力学响应问题从物理域映射到数学领域内进行数值求解的方法。为分析松散碎屑物质在降雨作用下启动形成泥石流的过程，本节在强降雨引发松散碎屑物质含水率改变以致力学行为变化的室内试验基础上，以适合模拟松散碎屑物质大变形的颗粒流理论和颗粒流数值模拟程序 SPH (Smoothed Particle Hydrodynamics)，通过泥石流松散碎屑物质的颗粒流数值模拟，分析其启动形成泥石流的过程及其与降雨的关系，探索泥石流崩滑松散碎屑堆积物质启动形成泥石流的过程和机制。

普遍意义上，颗粒流模型主要是用来描述颗粒族组成的任意形状系统的力学行为。该模型由单个颗粒组成，颗粒与颗粒之间在接触处或接触面上产生作用。如果事先颗粒假定为刚体，接触行为则可以用软化接触方式来表示，其中用法向刚度来代表接触中存在的可测量刚度，然后以每个颗粒的运动及颗粒间的接触点存在的作用力来描述这一系统的力学行为。牛顿运动定律则奠定了颗粒运动与导致这种运动的作用力之间的关系基础。更复杂模型的模拟可以运用颗粒在接触点的黏结来实现，一旦颗粒间的作用力超过其黏结强度时，该黏结就会发生解体，这一行为可以用来模拟裂缝的形成与扩展等力学过程。除了球形颗粒元素（BALL）外，SPH 模型能够对球体施加速度的边界条件，使其达到相对紧密状态。通过施加重力或移动边界面或线来模拟加载过程，移动面可以用任意数量的线段来代替，移动面与面之间可有任意连接的方式，移动面也可以有任意的线速度或者角速度。

5.2.1.3　SPH 的特点及运动定律

SPH 方法可直接模拟圆形颗粒的运动与相互作用问题。SPH 中颗粒单元的直径可以使用恒定的值，也可按高斯分布规律分布。通过调整颗粒单元直径，可以调节孔隙率，不需要增量位移而直接通过坐标来计算。

SPH 方法的理论来源于粒子方法，粒子方法是把连续的物理量用多数粒子的集合来插值的数值解析方法。在 SPH 方法中把连续体用有限数量的粒子运动来离散，所以各个力学物理量都由粒子承担。SPH 的主要思想是通过使用一个核函数对离散质点位置的核估计来计算梯度的相关项，不需要网格来求解偏微分的差分，而是将微分形式的守恒方程转化为积分方程形式，计算出在任意一点上的各个场变量的核估计。

函数 $f(x)$ 在空间某一点 x 上的核估计可以通过函数 $f(x)$ 在域 Ω 中的积分获得

$$< f(x) >=\int_{\Omega} f(x')W(x-x',h)\mathrm{d}x' \qquad (5-13)$$

式中　$W(x-x', h)$——核函数或权函数；

x——估计点的空间坐标；

x'——对估计点有贡献作用的空间点坐标；

h——紧支域的度量尺寸即光滑长度。

函数导数的核估计可通过将式（5-13）里的函数 $f(x)$ 视为导数 $\dfrac{\partial f(x)}{\partial x}$ 而求得。利用分部积分和核函数 W 在积分域 Ω 边界上为零的条件，可以得到函数导数的核估计为

$$< \frac{\partial f(x)}{\partial x} >=\int_{\Omega} \frac{f(x')\,\partial W(x-x',h)}{\partial x}\mathrm{d}x' \qquad (5-14)$$

由此可见光滑粒子法的基本思想之一是将函数导数的核估计转换成核函数的导数，核函数是预先设定的已知函数。

将解域 Ω 划分为 M 个子域粒子，每个子域粒子 j 的质量和密度分别为

$m_j=m(x_j)$，$\rho_j=\rho(x_j)$。设 $f(x)$ 在粒子 i、j 上的值分别为 $f_i=f(x_i)$，$f_j=f(x_j)$，则 $f(x)$ 及其导数在粒子 i 上的核估计式（5-13）、式（5-14）的离散式为

$$f_i = \sum_{j=1}^{M} f_j W_{ij} \frac{m_j}{\rho_j} \qquad (5-15)$$

$$\frac{\mathrm{d}f_i}{\mathrm{d}x^{\alpha}} = \sum_{j=1}^{M} f_j \frac{\partial W_{ij}}{\partial x_j^{\alpha}} \frac{m_j}{\rho_j} \qquad (5-16)$$

式中　W_{ij}——离散核函数；

α——空间维序数；

j——编号为 i 粒子的临近粒子编号。

其中　　　　　　　$W_{ij}=W(x_j-x_i, h)$

$$\mathrm{d}x' = \frac{m_j}{\rho_j}$$

考虑材料的弹塑性效应，全应力张量空间中的 SPH 插值公式可表示为

$$\frac{\mathrm{d}\rho_i}{\mathrm{d}t} = m_i \sum_{j=1}^{M} u_{ij} \cdot \nabla_i W_{ij} \qquad (5-17)$$

$$\frac{\mathrm{d}u_i^a}{\mathrm{d}t} = -\sum_{j=1}^{M} m_j \left(\frac{\sigma_i^{ax}}{\rho_i^2} + \frac{\sigma_j^{ax}}{\rho_j^2} + \Pi_{ij} \right) \frac{\partial W_{ij}}{\partial x} \qquad (5-18)$$

$$\frac{\mathrm{d}E_i}{\mathrm{d}t} = \sum_{j=1}^{M} (u_i^a - u_j^a) \left(\frac{\sigma_i^{a\beta}}{\rho_i^2} + \frac{1}{2}\Pi_{ij} \right) \frac{\partial W_{ij}}{\partial x} + H_i \qquad (5-19)$$

式中　u、σ——速度和应力；

　　　x——方向；

　　　E——比内能；

　　　Π——人工黏性；

　　　H——人工热流。

例如点 $X(x,y,z)$ 的支持域为这样一个领域：域内所有点的信息全都被用来决定 X 处的点的相关信息，如图 5-4 所示。这一概念容易和影响域混淆，影响域是指一个点对周围产生的影响范围，如图 5-5 所示。所以在 SPH 方法中影响域只与节点有关，但支持域则是与任意位置上点 X 相关，故其域内有可能只有一个节点也可能有很多个节点。

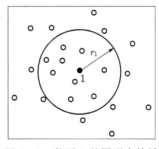

图 5-4　粒子 1 的圆形支持域

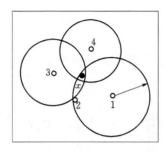

图 5-5　对点 x 进行近似计算时节点 1~4 的影响域

常用的核函数有 Gauss 核函数、B-spline 核函数、指数核函数和二次核函数等，其中 B-spline 核函数（三次样条函数）是目前应用最为广泛的核函数，其函数与一阶导数图形如图 5-6 所示。

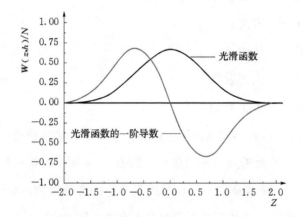

图 5-6　三次样条函数及其一阶导数

$$W(z,h)=\frac{1}{N}\begin{cases}1-1.5z^2+0.75z^3, & 0\leqslant|z|<1\\0.25(2-z)^3, & 1\leqslant|z|\leqslant2\\0, & |z|>2\end{cases} \quad (5-20)$$

式中　$z=\dfrac{|x_i-x_j|}{h_{ij}}$，$h_{ij}=0.5(h_i+h_j)$ ——对称光滑长度。

其中，$N=1.5h_{ij}$，$0.7\pi h_{ij}^2$，πh_{ij}^3 分别对应一维、二维和三维问题。

光滑长度 h 的大小显著影响计算精度和计算效率。当泥石流运动时材料的变形速度和变形量十分大，若采用固定光滑长度，在泥石流膨胀时，核函数影响域内的粒子数量会急剧减少，容易导致数值断裂等问题，而当泥石流压缩变形时，核函数影响域内的粒子数量会急剧增加，这将大大地降低计算效率，而且可能产生压缩不稳定性。因此，本书采用变光滑长度 h（t），其时间积分格式采用

$$\frac{\mathrm{d}}{\mathrm{d}t}[h(t)] = \frac{1}{d}h(t)[\mathrm{div}(v)]^{\frac{1}{2}} \qquad (5-21)$$

式中　　d——空间维度；

　　　　v——粒子速度。

5.2.1.4　SPH 程序处理

1. 程序模块

SPH 的程序具备一些特殊的性质，而这些特殊的性质通常被包含在时间积分过程的主循环程序中，包括：光滑函数以及光滑函数导数的计算、粒子之间相互作用的计算、变光滑长度的估算、空间导数计算、人工黏度和人工热量计算、边界情况处理等。进行 SPH 数值模拟的典型过程主要包括：

（1）初始化模块，包括模拟对象的几何形状（尺寸和边界），初始时刻粒子的离散化信息、材料性质、时间步长和控制参数等。

（2）采用 SPH 方法进行模拟时，主要过程包括 SPH 模拟的主要模块和在时间积分程序模块中具体实施过程。时间积分算法通常选用标准的算法，例如预测—校正法、龙格—库塔法、蛙跳法等。其中时间积分程序模块主要包括：①若采用 1/2、1/4 或 1/8 模型，则需要在边界布置虚粒子；②粒子搜索子程序，采用的方法包括：直接全体配对搜索法、树形搜索法、链表搜索法等，计算出相互作

用粒子对，并给出相应粒子对编号；③通过②中计算出的相互作用粒子对信息来计算光滑函数和光滑函数导数，计算结果可为下一时间步计算密度和做准备；④计算出密度和之后，更新密度信息；⑤计算出人工黏滞力；⑥计算粒子相互作用产生的内力，其中粒子的压力由状态方程求解；⑦当有外力存在，计算外力；⑧由守恒方程计算出密度、动量和能量的该变量，然后更新计算变光滑长度；⑨更新计算粒子动量、能量、密度、位置坐标、速度；⑩施加边界条件。

（3）当时间到达预设值，输出结果信息。

2. 粒子搜索方法

粒子搜索方法采用全配对搜索方法，应用最近相邻粒子搜索法实现，为之后的计算存储必需的数据，成对相互作用法是 Hockney 和 Eastwood 于 1988 年首先提出来的。如图 5 - 7 所示，若粒子 i 与粒子 j 的距离 r_{ij} 小于粒子 i 的支持域半径即 kh，则粒子 j 为粒子 i 的支持域内的粒子，同时粒子 i 也在粒子 j 的支持域内。

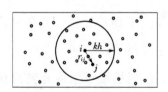

图 5 - 7　全配对粒子搜索法

以 Fortran 语言为例，全配对粒子搜索方法的实现代码为：

```
do i＝1,ntotal! ntotal　为粒子总数
    countiac(i)＝0! countiac(i)　为粒子 i 的相互作用对
    end do
    niac＝0! niac　表示粒子相互作用对数
do i＝1,ntotal－1
```

```fortran
do j=i+1,ntotal
  dxiac(1)=x(1,i)-x(1,j)!   计算粒子 i 和 j 之间在坐标 x 方
                             向的距离
  driac=dxiac(1)*dxiac(1)
  do d=2,dim
  dxiac(d)=x(d,i)-x(d,j)!   计算粒子 i 和 j 在 y 和 z 方向之
                             间的距离
  driac=driac+dxiac(d)*dxiac(d)!   计算粒子 i 和 j 之间的
                                    总距离的平方
  end do
  mhsml=0.5*(hsml(i)+hsml(j))!   计算粒子 i 和 j 的平均
                                  光滑长度
  if(sqrt(driac)<scalek*mhsml) then!   若粒子 i 和 j 之间距离
                                        小于设定的值
  if(niac<max_interaction) then
  niac=niac+1
  pair_i(niac)=i!   表示第 niac 对的粒子为粒子 i 和粒子 j
  pair_j(niac)=j
  r=sqrt(driac)
  countiac(i)=countiac(i)+1
  countiac(j)=countiac(j)+1
  else
    write(*,*)'ERROR RANGE'
  end if
end if
```

end do

end do

其中，ntotal 为粒子总数，niac 用来记录粒子对数，数组 pair_i 和 pair_j 用来存储相互作用粒子对中的两个粒子 i 和 j，数组 countiac 用来记录每个粒子的相邻粒子总数。

3. 不同物质交界面的处理

在 SPH 中不同物质交界面处仍进行粒子近似计算，也就是说交界面附近相距很近但属于不同材料的粒子仍然是相邻粒子参与计算，但是这种处理在大变形问题时往往会发生非物理性穿透和掺杂问题，有时候可能导致计算程序崩溃，因此通常在交界面处施加一种惩罚力，当粒子 i 和粒子 j 之间满足 $pe = \dfrac{h_j + h_i}{2r_{ij}} \geqslant 1$ 时认为穿透发生，此时施加力 PB_{ij}

$$PB_{ij} = \begin{cases} \overline{p}(pe^{n_1} - pe^{n_2})\dfrac{x_{ij}}{r_{ij}^2}, & pe \geqslant 1 \\ 0, & pe < 1 \end{cases} \qquad (5-22)$$

式中　$\overline{p}$、n_1、n_2——系数，可根据实际问题调整这些系数取值。

然而采用这种方法在交界面处仍然会出现数值震荡问题，但是能够很好地避免非物理穿透问题。

4. 时间积分格式

由于蛙跳法（Leapfrog）计算效率高，且对存储量的需求较低，故采用蛙跳法对运动方程进行积分，粒子速度及位移则以半个时间步向前偏移，当第一个时间步长结束后，密度、速度与能量的改变量将被用于将密度、速度与能量向前推进半个时间步长，而粒子的位移则向前推进一个时间步长。

$$\begin{cases} t = t_0 + \Delta t \\ \rho_i \left(t_0 + \dfrac{\Delta t}{2} \right) = \rho_i(t_0) + \dfrac{\Delta t}{2} d\rho_i(t_0) \\ e_i \left(t_0 + \dfrac{\Delta t}{2} \right) = e_i(t_0) + \dfrac{\Delta t}{2} de_i(t_0) \\ v_i \left(t_0 + \dfrac{\Delta t}{2} \right) = v_i(t_0) + \dfrac{\Delta t}{2} dv_i(t_0) \\ x_i \left(t_0 + \dfrac{\Delta t}{2} \right) = x_i(t_0) + \Delta t \cdot v_i \left(t_0 + \dfrac{\Delta t}{2} \right) \end{cases} \quad (5-23)$$

为了计算一致性，在之后的每一个时间步子程序的开端，每个粒子的密度、速度和能量都要推前半个时间步长，这样才能与位移保持一致，即

$$\begin{cases} \rho_i(t) = \rho_i \left(t - \dfrac{\Delta t}{2} \right) + \dfrac{\Delta t}{2} d\rho_i(t - \Delta t) \\ e_i(t) = e_i \left(t - \dfrac{\Delta t}{2} \right) + \dfrac{\Delta t}{2} de_i(t - \Delta t) \\ v_i(t) = v_i \left(t - \dfrac{\Delta t}{2} \right) + \dfrac{\Delta t}{2} dv_i(t - \Delta t) \end{cases} \quad (5-24)$$

之后，粒子的密度、速度、内能和位置就可以按照标准的蛙跳法推进：

$$\begin{cases} t = t + \Delta t \\ \rho_i \left(t + \dfrac{\Delta t}{2} \right) = \rho_i \left(t - \dfrac{\Delta t}{2} \right) + \Delta t \cdot d\rho_i(t) \\ e_i \left(t + \dfrac{\Delta t}{2} \right) = e_i \left(t - \dfrac{\Delta t}{2} \right) + \Delta t \cdot de_i(t) \\ v_i \left(t + \dfrac{\Delta t}{2} \right) = v_i \left(t - \dfrac{\Delta t}{2} \right) + \Delta t \cdot dv_i(t) \\ x_i \left(t + \dfrac{\Delta t}{2} \right) = x_i(t) + \Delta t \cdot v_i \left(t + \dfrac{\Delta t}{2} \right) \end{cases} \quad (5-25)$$

但要满足 CFL（Courant - Friedrichs - Levy）稳定性条件：

$$\Delta t = \min \left(\frac{\xi h_i}{h_i \nabla \cdot v_i + c_i + 1.2(\alpha_{\text{II}} c_i + \beta_{\text{II}} h_i \, |\nabla \cdot v_i|)} \right) \quad (5-26)$$

式中　ζ——Courant 系数；

α_{II}、β_{II}——Monaghan 型人工黏度即公式中的系数。

5.2.2　数值模拟试验过程

5.2.2.1　模型选取及特点

本节通过引入光滑粒子离散元数值模拟技术，对土体应力应变关系和剪切带形成机理进行细观数值模拟，将土体微细观结构与宏观力学反应联系起来，对土体工程力学特性和沟床堆积体的变化运动过程进行更深入的了解和发现。

选取柿树沟中物源土体即沟道堆积体作为模拟对象，该段堆积体长约 150m 最厚的地方有 5m 左右，平均厚约 2.5m，其地质剖面示意图如图 5-8 所示。泥石流沟道堆积物为粗粒土，下伏基岩岩性为燕山期黑云母花岗岩。经前文分析，强烈的当期降雨因素为柿树沟泥石流发生的主要诱发因素。因此，对其沟道堆积体形成泥石流的过程进行数值模拟。

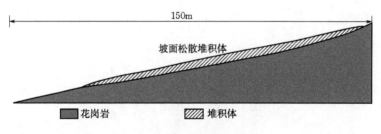

图 5-8　柿树沟地质剖面示意图

5.2.2.2　柿树沟泥石流数值模拟分析

首先生成松散堆积体堆积在沟谷表面。如果按实际土体颗粒的大小模拟，得到的颗粒数量达到几十万甚至上百万，目前的计算机速度和容量还无法满足要求。本书重点是研究土体的破坏机制，而不是具体颗粒的大小。因此，综合考虑计算效率、物理模型的颗粒级配和相似程度以及粒径分布，最终生成 109226 个没有重叠的不规则排列颗粒组，用以模拟崩滑堆积体内部无序的颗粒结构。为了便于观察，用不同的颜色的颗粒把模型栅格化。让这些颗粒在重力加速度作用下下落到崩滑堆积坡面上，在堆积体初始密度和强度下经循环后完成松散堆积体的堆积过程，采用由数值试验得到的细观参数建立数值计算模型图如图5-9所示。让颗粒在自重作用下计算达到平衡状态，从而模拟得到松散堆积体的初始应力场（图5-10）。

图5-9　沟道堆积体数值计算模型图

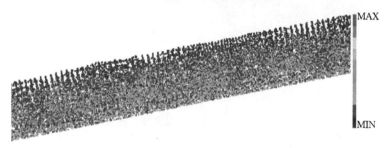

图5-10　堆积体局部初始应力场

计算模型中球的速度大小（分别取上、中、下三个小球进行分析）如图5-11所示，平均不平衡力如图5-12所示。从图中可以看出，经过迭代运算后，体系平均不平衡力与接触应力的比值随着迭代计算的运行，逐渐逼近于0，且监测球的速度逐渐趋于0，表明体系最终达到了力平衡状态，泥石流堆积体的初始应力场已形成，堆积体逐渐达到稳定状态，泥石流沟谷具有了稳定的坡面形态。采用SPH对柿树沟泥石流堆积体的变形和位移进行计算，根据前面中获取的微观参数写入模拟代码中，对其发生、发展的全过程进行仿真模拟。在模拟过程中，根据柿树沟沟床坡度为12°设置模型沟床坡度为12°，并设置模型中物源土体初始饱和度为100％，分别进行中雨和暴雨两种工况下的模拟。其中中雨雨强设置为60mm/h，暴雨雨强设置为90mm/h，以此分析100％饱和度下沟道堆积体在力和力矩平衡作用下完成形态再造的过程；分别对堆积体上、中、下三个位置进行速度和位移的监测，以追踪泥石流体发展、发生的全过程，揭示降雨作用下泥石流松散堆积体启动形成泥石流的过程和机制。

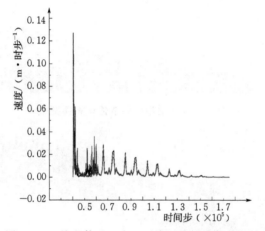

图5-11　堆积体上、中、下检测球的速度大小图

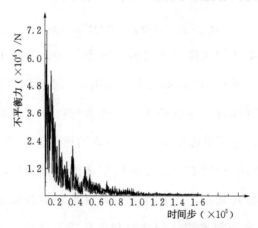

图5-12　平均不平衡力及平均接触应力

1. 中雨工况

采用不同颜色表示堆积体压力和张力，正值代表压力，负值代

表张力。从图 5-13（a）可以看出此时有张力的粒子分布较分散且占比较小。随着时间的推移，有张力的粒子数量有所增加，分布范围也在扩大，如图 5-13（b）所示。

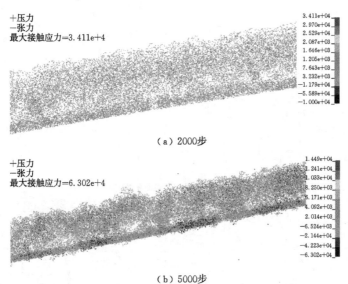

（a）2000 步

（b）5000 步

图 5-13　堆积体中雨工况下 2000 步、5000 步后局部
接触应力分布图（单位：N）

在中雨状态时，通过对比 2000 步和 5000 步后的接触应力及速度、位移矢量图可得，当运行到 2000 步时，柿树沟松散堆积体表层的局部颗粒具有一个向上的速度（图 5-14），这表明此时松散堆积体表层颗粒受到的浮力已经大于自身的重力，表层颗粒会悬浮在地表径流中，此时堆积体应力场的应力集中在里层，正好说明了这种情况，但由于此时整体还未失稳，故堆积体还处于一种相对稳定的状态；当达到 5000 步时，整个堆积体都有一种向下运动的趋势，这种情况符合重力及流水推力共同作用的结果，但表层的颗粒较里层的颗粒有一种向上运动的倾向，说明泥石流堆积体在中雨强度持续一定时间的情况下，表层堆积物率先运动，如图 5-15 所示，这也比较与实际情况相符合。此时接触应力也发生了变化（图 5-13），由于泥石流堆积物在静水压

力下，接触应力的情况集中于堆积体的中层，主要是由于表层堆积物和里层堆积物对中层有一个挤压作用所造成的。

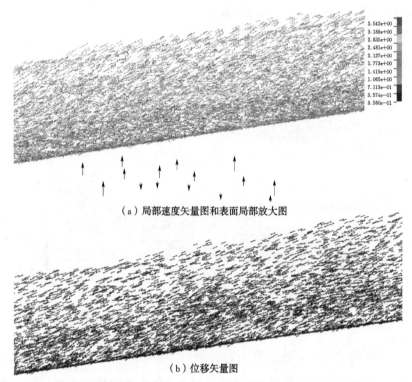

（a）局部速度矢量图和表面局部放大图

（b）位移矢量图

图 5-14　堆积体中雨工况下 2000 步后的矢量图（单位：N）

2. 暴雨工况

在暴雨状态时，图 5-16～图 5-18 分别为运行 5000 步和 10000 步时的后缘接触应力分布图和速度矢量图、堆积体变形图。从图中可以看出，上游水流达到一定强度时，堆积体可呈流态化向下游运动。通过对比可知，堆积体在 10000 步时比在 5000 步时的最大接触应力，最大速度及最大位移要大，且都在堆积体后部这些矢量值达到最大。结果说明当上游形成的径流冲刷至此时，堆积体后部的表层土体率先开始运动，里层的土体向前产生一个推挤力，推动着前方土体运动，且暴雨时间越长，土体的运动速度和位移越大。

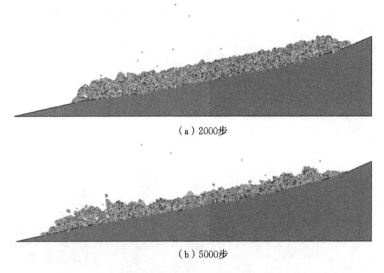

（a）2000步

（b）5000步

图5-15　堆积体中雨工况下2000步、5000步变形图

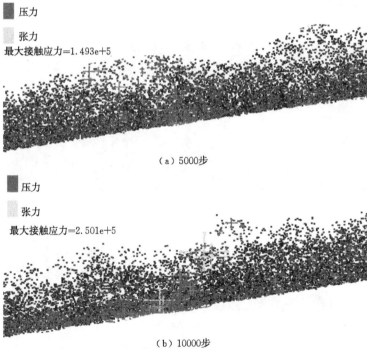

■ 压力

□ 张力

最大接触应力=1.493e+5

（a）5000步

■ 压力

□ 张力

最大接触应力=2.501e+5

（b）10000步

图5-16　堆积体暴雨工况下5000步、10000步时后缘
接触应力分布图（单位：N）

最大速度=6.859e+01

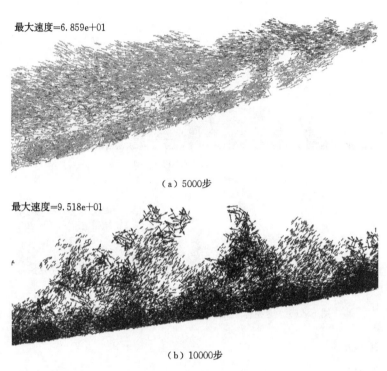

（a）5000步

最大速度=9.518e+01

（b）10000步

图 5-17　堆积体（局部）暴雨工况下 5000 步、

10000 步时速度矢量图（单位：cm/时步）

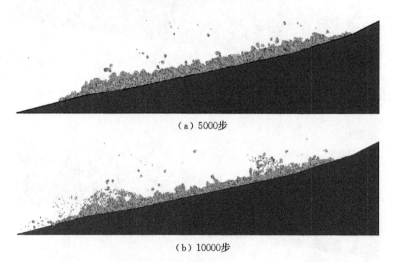

（a）5000步

（b）10000步

图 5-18　堆积体暴雨工况下 5000 步、10000 步变形图

根据泥石流堆积体不同位置的三个监测小球的运动速度图可以看出，如图5-19所示，表部颗粒的运动速度大于底部颗粒的运动速度，且运动方向常发生紊乱，这符合水力类泥石流运动特征，此时堆积体整体已经启动且速度持续增加，运动加剧，即松散堆积体泥石流已经形成。

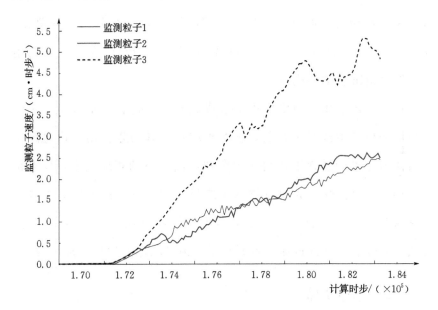

图5-19　监测粒子速度大小比较图

5.2.3　数值模拟结果分析

通过对柿树沟进行数值模拟，可以看出，柿树沟沟道堆积体在初始饱和度为100%条件下，达到中雨工况（60mm/h）时，堆积体表面形态除局部产生变化外，整体形态变化不太大，地表径流的冲刷力仅对堆积体表层有影响，泥石流部分启动。但在暴雨工况（90mm/h）下，堆积体表面形态开始发生显著变化，堆积体表层土体随着水流向下运动，当暴雨持续时间较长时，该泥石流沟上游形成径流对堆积体表面进行冲刷侵蚀，迫使土石颗粒开始脱离堆积表面，雨量越大，堆积体位移及变形速度越大，最终导致堆积体发生连锁式破坏，大范围呈流态下泄，最终形成泥石流。中雨工况下模拟结果与模型试验结果中的工况 9 启动情况基本相符，暴雨工况下模拟结果与模型试验结果中的工况 1 在土体达到 100％饱和后启动情况基本相符；该结果也基本与"7•24"柿树沟泥石流发生的过程及现象特征相符，即该沟在爆发前经过了长达半个月的累积降雨，土体接近 100％饱和，随后在即时雨强达到 86mm/h 的当天，沟道堆积体大范围启动形成泥石流。

通过沟道堆积体降雨作用下形成泥石流的过程数值模拟，揭示沟道堆积体在中雨状况之前，斜坡土体在力和力矩作用下通过细微的表面形态再造过程维持斜坡稳定和坡面形态的相对固定，仅有部分启动；当降雨强度超过中雨状况之后，达到暴雨强度时，土体强度骤减使平衡态被打破，引发沟道堆积体体运动速度和位移增加，沟道堆积体启动并加速而导致泥石流连锁式破坏的过程和机制。

5.3　本章小结

本章主要结合第 3、第 4 章中的物理力学试验结果和物理模型试验结果，对沟道泥石流堆积体复活启动过程及物源土体特性与泥石流启动关系进行分析，得出沟道泥石流堆积体启动机理，并结合颗粒流软件 SPH 对柿树沟泥石流的启动进行数值模拟分，主要得出以下结论：

（1）结合地面调查和物理模型试验结果，认为就柿树沟而言，沟道泥石流堆积体的复活启动过程可分为：前期降雨→当期降雨，径流形成，土体表面冲刷侵蚀→土体强度继续下降，接近临界稳定状态→土体达到临界稳定状态并失稳、堆积体启动，泥石流形成。

（2）通过室内人工降雨模型试验结果可得到，柿树沟沟道堆积体在中雨强和大雨强状态下形成泥石流时，物源土体均达到饱和甚至过饱和，但其启动破坏形式不同。中雨强状态下物源土体含水率迅速增加，孔隙水压力呈现波动上升的趋势，随着堆积体逐渐饱和、抗剪强度降低，孔隙水压力增至最大，堆积体达到临界稳定状态，坡脚土体产生液化，随着降雨的继续进行，堆积体从坡脚开始破坏并部分启动形成泥石流。大雨强状态下物源土体迅速达到饱和甚至过饱和，此时其孔隙水压力迅速波动增长并达到峰值，抗剪强度也迅速降低，随后堆积体达到临界稳定状态，物源土体开始产生液化，当饱和土体在进一步的降雨打击振动以及地表径流冲刷的作用下失稳，堆积体从坡脚开始迅速失稳启动，土体孔隙水压力又迅速波动性下降，接着堆积体出现大范围启动，甚至出现"揭底"现象。

（3）通过对柿树沟进行数值模拟，可以看出，沟内松散堆积体在中雨状况时，坡面形态除局部产生调整，堆积体部分启动，整体形态变化不太大，地表径流的冲刷力只对堆积体表层有影响，但未影响整体形态。但当松散堆积体在暴雨工况下时，坡面形态开始出现一些变化，堆积体表层土体会随着水流向下运动，特别是当暴雨持续一段时间后，该泥石流沟上游水流形成径流，迫使堆积体开始产生位移；雨量突然加大，堆积体位移加速增加，坡面变形迅速发展，直至呈流态化而不具有坡面形态。该泥石流的模拟结果与模型试验结果以及"7·24"当天泥石流爆发情况均基本符合。

第6章 结论与展望

6.1 结论

本书针对栾川县柿树沟沟道泥石流堆积体复活启动问题，首先进行了资料收集和现场调查工作，随后进行了室内试验，其中包括颗分试验、X衍射试验、渗透试验大直剪试验和三轴试验，得到了物源土体的物理力学参数指标和不同干密度和固结条件下土体强度指标的变化规律，并进行了人工降雨模型试验，得到了物源土体在不同的沟床坡度、前期降水量和当期降水量等因子的影响下，物源土体的质量含水率、孔隙水压力和温度等的变化规律，以及各因子对泥石流启动的影响。然后根据试验结果分析了沟道泥石流堆积体泥石流的启动机理，并结合SPH数值模拟软件对分析结果进行进一步的验证。主要得到了以下几点结论：

（1）栾川县处于中低山—中山过渡区，地形条件复杂，地质构造发育，人类活动强烈，降雨条件丰富。区内具备了泥石流形成的必要条件，历史上多次爆发泥石流灾害。通过对典型泥石流沟的分析得出沟道泥石流堆积体可以作为主要物源参与泥石流活动，沟道泥石流堆积体的复活启动可以极大地增强泥石流的破坏力。

（2）柿树沟降雨丰富，流域面积和沟床比降属于泥石流易发范围，对泥石流的形成非常有利。柿树沟"7·24"泥石流的主要物源为沟道泥石流堆积体，其主要分布于沟道内的宽缓地带，是由于以往泥石流规模不及"7·24"泥石流而形成。柿树沟泥石流堆积体的复活是在前期降雨对土体强度弱化，泥石流爆发当天的持续高强度降雨导致的动能巨大的携砂洪流对泥石流堆积体冲刷拖拽启动而形成。"7·24"柿树沟泥石流的形成具有水流掀动"揭底"沟道堆积物的特征，为沟床启动型泥石流。

（3）通过室内试验对柿树沟泥石流土样进行了基本物理化学特性及力学性质研究，得出物源土体的性质为粗粒土，经过颗分试验得出其不均匀系数为 $C_u = 26.92$，曲率系数为 $C_c = 4.95$，粒径分布不均匀，颗粒极配良好；渗透系数位于粗砂渗透系数范围内，渗透性好，有利于雨水快速入渗。这些特性有利于物源土体在降雨作用下迅速达到饱和，形成地表径流，为泥石流快速启动创造了良好的条件。

（4）通过对物源土体进行的大直剪试验和三轴试验可知，物源土体的黏聚力与饱和度成反比关系，随饱和度的增加而减小；抗剪强度与土体的饱和度成反比关系，随着饱和度的增加而减小；当物源土体在降雨条件下逐渐达到饱和的过程中，其持水能力降低，土体黏聚力急剧下降，抗剪强度降低，同时随着土体的饱和，出现地表径流并伴随持续降雨而使其侵蚀和挟沙能力也加强，易造成泥石流的发生。物源土体在 CU 剪切试验过程中干密度较小的试样多为剪缩破坏，干密度较大的试样多为剪胀破坏；c、φ 均随干密度增大而增大，试样在 CU 试验内摩擦角远大于同条件下 UU 试验内摩擦角，且随着干密度的增加此差距逐渐变小。

（5）通过物理模型试验，得出泥石流启动时，物源土体基本达到饱和，而下游的土体其含水量上升更快，最终含水量也更高，更易被破坏。孔隙水压力的增大对土体强度具有很大影响，在试验过程中孔隙水压力具有先增大然后保持稳定最后降低的趋势，同时其对即时雨强的影响最为敏感。土体在含水率逐渐增加并最终达到剪切破坏的过程中一直存在剧烈的能量交换，而在产生剪切破坏后其产生的能量交换较小。通过对试验结果的正交设计分析，可知对冲沟形成时间的影响的因子主次关系为饱和度＞雨强＞沟床坡度，对物源土体冲出方量的影响的因子主次关系为雨强＞饱和度＞沟床坡度。对柿树沟来说，即时雨强为 30mm/h 时，泥石流不会发生；当即时雨强为 60mm/h 时，泥石流堆积体部分启动；当沟床坡度为 17°时，即使其土体初始饱和度只有 50％，在当期累积雨量达到 70mm 时也会发生泥石流，当土体初始饱和度为 100％时，即使其沟床坡度仅为 12°时，在当期累积雨量达到 20mm 时也会发生泥石流；当即时雨强为 90mm/h 时，泥石流堆积体出现大范围启动，甚至出现"揭底"现象，其中当沟床坡度为 12°、土体初始饱和度为 75％时，在当期累积雨量达到 40.5mm 时会发生泥石流，当沟床坡度为 17°、土体初始饱和度为 100％时，在当期累积雨量达到 30.5mm 时会发生泥石流，当沟床坡度为 15°、土体初始饱和度为 50％时，在当期累积雨量达到 85.5mm 时会发生泥石流。这个启动临界条件可以为今后柿树沟沟道泥石流堆积体启动的预测预报工作起到一定的借鉴及指导作用。

（6）通过试验观测，判定沟道泥石流堆积体的复活启动过程为：前期降雨→当期降雨，径流形成，土体表面冲刷侵蚀→土体强度继续下降，接近临界稳定状态→土体达到临界稳定状态并失稳、堆积体启动，泥石流形成。其在中雨强和大雨强状态下启动破坏形式不同。在中雨强状态下堆积体达到临界稳定状态，坡脚土体产生液化，接着堆积体从坡脚开始破坏并部分启动形成泥石流；大雨强状态下堆积体达到临界稳定状态，物源土体开始产生液化，当饱和土体在进一步的降雨打击振动以及地表径流冲刷的作用下失稳，堆积体从坡脚开始迅速失稳启动，接着堆积体出现大范围启动，甚至出现"揭底"现象。通过对柿树沟进行数值模拟的结果可以看出，沟内松散堆积体在中雨状况时，坡面形态仅局部产生调整，堆积体部分启动，地表径流的冲刷力只对堆积体表层有影响，但未影响整体形态；在暴雨工况下时，坡面形态出现变化，堆积体开始产生位移，坡面变形迅速发展，堆积体整体启动。该模拟结果基本与现场调查以及物理模型试验结果相符合。

6.2 展望

本书通过采用地面调查、室内试验、人工降雨模型试验等方式，对沟道泥石流堆积体复活启动机制进行了分析，并结合试验结果对其启动机理进行了研究，最后采用 SPH 软件对研究结果进行了印证，最终取得了一定的成果和结论。但由于时间限制以及作者理论水平有限，对一些方面的研究考虑得不够全面和深入，在后续的工作中应对以下几个方面开展进一步的深入研究：

（1）本书以栾川县"7·24"泥石流为例，分析说明了柿树沟沟道泥石流堆积体的复活形成机理。然而，对于柿树沟中沟道泥石流堆积体的如何形成、形成时间和堆积特征等并未进行深入的调查和研究。由于缺乏历史泥石流事件和降雨的监测数据，也无法分析不

第 6 章 结论与展望

同降雨条件下泥石流堆积物的形成和变动规律。泥石流堆积体的形成和复活可以看做一个周期过程，未来需进一步加强对此类泥石流沟的监测，获取其变化甚至启动等数据，研究两者之间的关系，从而为此类泥石流沟的预测预报工作提供进一步的依据。

（2）本书在模型试验过程中，由于条件所限，模型槽的尺寸较小，只能对于在不同工况下的泥石流启动进行一个大致的趋势研究，未来可以考虑采用尺寸更大的模型槽对堆积体的启动进行人工降雨模型试验研究。参数选取中对于径流因子的设计有点简单粗略，未来进行相关试验时，可以对其进行进一步的细化计算和分析验证，以完善模型试验的条件，使之更加符合实际情况。

（3）本书在结合试验结果对沟道泥石流堆积体启动机理进行分析时，主要对试验启动过程进行了分析，力学等理论的运用较少，未来可以考虑加入部分力学理论知识，以更好地对泥石流的预测预报工作进行指导。

（4）在模拟泥石流的过程中，地表径流量难以与实际情况相结合，仅说明泥石流爆发的过程；径流量只能通过多次的运算，才能得到不同工况下堆积体的变化过程，径流量在一次模拟过程中的变化情况还有待展开进一步的研究；同时泥石流的数值模拟非自然级配且未进行流—固耦合分析，只是通过简化的参数替演进行颗粒流泥石流分析的尝试，下一步将对此内容开展深入的研究工作。

参 考 文 献

［1］ 刘希林. 国外泥石流机理模型综述 ［J］. 灾害学，2002（4）：2-7.

［2］ Cannon S H，Powers P S，Savage W Z. Fire - related hyper concentrated and debris flows on Storm King Mountain，Glenwood Springs，Colorado，USA ［J］. Environmental Geology，1998，35（2）：210.

［3］ Gartner J E，Cannon S H，Santi P M，et al. Empirical models to predict the volumes of debris flows generated by recently burned basins in the western U. S. ［J］. Geomorphology，2008，96（3-4）：339-354.

［4］ Cannon S H，Gartner J E，Wilson R C，et al. Storm rainfall conditions for floods and debris flows from recently burned areas in southwestern Colorado and southern California ［J］. Geomorphology，2008，96（3-4）：250-269.

［5］ Chen H，Su D. Geological factors for hazardous debris flows in Hoser，central Taiwan ［J］. Environmental Geology，2001，40（9）：1114.

［6］ Chen H. The geomorphologic comparison of two debris flows and their triggering mechanisms ［J］. Bulletin of Engineering Geology and the Environment，2000，58（4）：297.

［7］ Wooten R，Gillon K，Witt A，et al. Geologic，geomorphic，and meteorological aspects of debris flows triggered by Hurricanes Frances and Ivan during September 2004 in the Southern Appalachian Mountains of Macon County，North Carolina（southeastern USA）［J］. Landslides，2008，5（1）：31.

［8］ Chien - Yuan C，Lien - Kuang C，Fan - Chieh Y，et al. Characteristics analysis for the flash flood - induced debris flows ［J］. Natural Hazards，2008，47（2）：245.

［9］ Shieh C L，Tsai Y J. Variability in rainfall threshold for debris flow after the Chi - Chi earthquake in central Taiwan，China ［J］. International Journal of Sediment Research，2009（2）：177-188.

［10］ Fuchu D，Lee C F，Sijing W. Analysis of rainstorm - induced slide - debris flows on natural terrain of Lantau Island, Hong Kong [J]. Engineering Geology, 1999, 51 (4): 279 - 290.

[11] Pérez F L. Matrix granulometry of catastrophic debris flows (December 1999) in central coastal Venezuela [J]. Catena, 2001, 45 (3): 163 - 183.

[12] Morton D M, Alvarez R M, Ruppert K R, et al. Contrasting rainfall generated debris flows from adjacent watersheds at Forest Falls, southern California, USA [J]. Geomorphology, 2008, 96 (3 - 4): 322 - 338.

[13] Tiranti D, Bonetto S, Mandrone G. Quantitative basin characterisation to refine debris - flow triggering criteria and processes: an example from the Italian Western Alps [J]. Landslides, 2008, 5 (1): 45.

[14] Bull J M, Miller H, Gravley D M, et al. Assessing debris flows using Lidar differencing: 18 May 2005 Matata event, New Zealand [J]. Geomorphology, 2010, 124 (1 - 2): 75 - 84.

[15] Engel Z, Česák J, Escobar V. Rainfall - related debris flows in Carhuacocha Valley, Cordillera Huayhuash, Peru [J]. Landslides, 2011, 8 (3): 269.

[16] Jakob M, Owen T, Simpson T. A regional real - time debris - flow warning system for the District of North Vancouver, Canada [J]. Landslides, 2012, 9 (2): 165.

[17] Saucedo R, Macías J L, Sarocchi D, et al. The rain - triggered Atenquique volcaniclastic debris flow of October 16, 1955 at Nevado de Colima Volcano, Mexico [J]. Journal of Volcanology and Geothermal Research, 2008, 173 (1 - 2): 69 - 83.

[18] Parise M, Cannon S. Wildfire impacts on the processes that generate debris flows in burned watersheds [J]. Natural Hazards, 2012, 61 (1): 217.

[19] Stoffel M, Bollschweiler M, Beniston M. Rainfall characteristics for periglacial debris flows in the Swiss Alps: past incidences - potential future evolutions [J]. Climatic Change, 2011, 105 (1): 263.

[20] Mergili M, Fellin W, Moreiras S, et al. Simulation of debris flows in the Central Andes based on Open Source GIS: possibilities, limitations, and parameter sensitivity [J]. Natural Hazards, 2012, 61 (3): 1051.

[21] 唐川,章书成. 水力类泥石流起动机理与预报研究进展与方向 [J]. 地球科学进展, 2008 (8): 787 - 793.

[22] 解明曙,王玉杰,张洪江,等. 沟道松散堆积物形成泥石流的水动力条件分

析及其数学模型 [J]. 北京林业大学学报，1998，15 (4)：1 - 11.

[23] 唐红梅，翁其能，王凯，等. 冲淤变动型泥石流沟中物质启动类型及机理研究 [J]. 重庆交通学院学报，2001，20 (2)：69 - 72.

[24] 戚国庆，黄润秋. 泥石流成因机理的非饱和土力学理论研究 [J]. 中国地质灾害与防治学报，2003 (3)：15 - 18.

[25] 王裕宜，詹钱登，陈晓清，等. 泥石流体的应力应变自组织临界特性 [J]. 科学通报，2003 (9)：976 - 980.

[26] Wang Y，Jan C，Chen X，et al. Self - organization criticality of debris flow theology [J]. Chinese Science Bulletin，2003，48 (17)：1857.

[27] 陈中学，汪稔，胡明鉴，等. 黏土颗粒含量对蒋家沟泥石流启动影响分析 [J]. 岩土力学，2010 (7)：2197 - 2201.

[28] 冰川冻土沙漠研究所. 泥石流 [M]. 北京：科学出版社，1973.

[29] 周必凡，李德基，罗德富. 泥石流防治指南 [M]. 北京：科学出版社，1991.

[30] 吴积善. 泥石流及其综合治理 [M]. 北京：科学出版社，1993.

[31] 中国科学院成都山地灾害与环境研究所. 泥石流研究与防治 [M]. 成都：四川科学技术出版社，1989.

[32] 中国科学院水利部成都山地灾害与环境研究所. 中国泥石流 [M]. 北京：商务印书馆，2000.

[33] 康志成. 泥石流产生的力学分析 [J]. 山地研究，1988，5 (4)：225 - 229.

[34] 崔之久. 泥石流沉积与环境 [M]. 北京：海洋出版社，1996.

[35] 唐邦兴. 中国泥石流 [M]. 北京：商务印书馆，2000.

[36] 中华人民共和国国土资源部. 泥石流灾害防治工程勘查规范 [S]. 2006.

[37] 钱宁，万兆惠. 泥沙运动力学 [M]. 北京：科学出版社，1991.

[38] 费祥俊. 泥石流运动机理与灾害防治 [M]. 北京：清华大学出版社，2004：293.

[39] 刘希林，唐川. 泥石流危险性评价 [M]. 北京：科学出版社，1995.

[40] 王继康. 泥石流防治工程技术 [M]. 北京：中国铁道出版社，1996：301.

[41] 中华人民共和国国土资源部. 泥石流灾害防治工程设计规范 [S]. 2004.

[42] 韦方强，胡凯衡，陈杰. 泥石流预报中前期有效降水量的确定 [J]. 山地学报，2005 (4)：4453 - 4457.

[43] 陈晓清. 滑坡转化泥石流启动机理试验研究 [D]. 成都：西南交通大学，2006.

[44] 匡乐红. 区域暴雨泥石流预测预报方法研究 [D]. 武汉：中南大学，2006.

[45] 唐川，朱静. 云南滑坡泥石流研究 [M]. 北京：商务印书馆，2003.

[46] 陈洪凯，唐红梅，陈野鹰. 公路泥石流力学 [M]. 北京：科学出版社，2007.

[47] 张丽萍，唐克丽. 矿山泥石流 [M]. 北京：地质出版社，2001.

[48] Tang C, Zhu J, Li W, et al. Rainfall – triggered debris flows following the Wenchuan earthquake [J]. Bulletin of Engineering Geology and the Environment, 2009, 68 (2)：187.

[49] Tang C, Yang Y, Su Y, et al. The disastrous 23 July 2009 debris flow in Xiangshui Gully, Kangding County, Southwestern China [J]. Journal of Mountain Science, 2011, 8 (2)：131.

[50] 周春花，周伟，唐川. 汶川震区暴雨泥石流激发雨量特征 [J]. 水科学进展，2012 (5).

[51] Lu X, Ye T, Cui P, et al. Numerical investigation on the initiation mechanism of debris – flow under rainfall [J]. Journal of Mountain Science, 2011, 8 (4)：619.

[52] Hu M, Wang R, Shen J. Rainfall, landslide and debris flow intergrowth relationship in Jiangjia Ravine [J]. Journal of Mountain Science. 2011, 8 (4)：603.

[53] Okura Y. et al. Fluidization in dry landslides [J]. Engineering Geology, 2000, 56：347 – 360.

[54] Okura Y, et al. Landslides fluidization process by flume experiments [J]. Engineering Geology, 2002, 66：65 – 78.

[55] Hutchinson J N, Bhandari R K. Undrained loading, a fundamental mechanism of mudslide and other mass movements [J]. Geotechnique, 1971, 21 (4)：353 – 358.

[56] Eekersley J D. Flowslides in stockpiled coal [J]. Engineering Geology, 1985, (22)：13 – 22.

[57] Hungr O, Evans S G, Boris M. Hutchinson J N. Review of the classification of landslides of the flow type [J]. Environmental and engineering Geoscience, 2001, (Ⅶ)：221 – 238.

[58] Hungr O. A model for the runout analysis of rapid flow slides. debris flows and avalanches [J]. Canadian Geotechnical Journal，1995, 32 (4)：610 – 623.

[59] Fleming R. W. et al. Transformation of dilative and contractive landslide debris into debris flow – An example from Marin County [J]. Engineering Geology, 1989, 27 (1 – 4)：201 – 223.

［60］ Milne F D, Brown M J, Knappettj A, et al. Centrifuge modelling of hillslope debris flow initiation ［J］. Catena, 2012, 92: 162 – 171.

［61］ Iverson N R, Mann J E, Iverson R M. Effects of soil aggregates on debris – flow mobilization: Results from ring – shear experi – ments ［J］. Engineering Geology, 2010, 114: 84 – 92.

［62］ Caine N. The rainfall int ensity – duration control of shallow landslides and debris flows ［J］. Geografiska Annaler, 1980, 62: 23 – 27.

［63］ Fausto G, Silvia P, Maur·O·R, et al. The rainfall intensity – duration control of shallow landslides and debris flows: An update ［J］. Landslides, 2008 (5): 3 – 17.

［64］ Montrasio L, Valentino R. Experimental analysis and modelling of shallow landslides ［J］. Landslides, 2007 (4): 291 – 296.

［65］ Gabet E J, Mudd S M. The mobilization of debris flows from shallow land-slides ［J］. Geomorphology, 2006, 74: 207 – 218.

［66］ Egashira S, Honda N, Itoh T. Experimental study on the entrainment of bed material into debris flow ［J］. Phys Chem Earth (C), 2001, 26 (9): 645 – 650.

［67］ Bertim, Genevois R, Simoni A. Experimental evidences and numerical modeling of debris flows initiated by channel runoff ［J］. Landslides, 2005, 2: 171 – 182.

［68］ Brayshaw D, Hassan M A. Debris flow initiation and sediment recharge in gullies ［J］. Geomorphology, 2009, 109: 122 – 131.

［69］ Gabet E J, Setmbe R G P. The effects of vegetative ash on infiltration capaci-ty, sediment transport, and the generation of progressively bulked debris flows ［J］. Geomorphology, 2008, 01: 666 – 673.

［70］ Milne F D, Brown M J, Knappett J A, et al. Centrifuge modelling of hillslope debris flow initiation ［J］. Catena, 2012, 92: 162 – 171.

［71］ Iverson N R, Mann J E, Iverson R M. Effects of soil aggregates on debris – flow mobilization: Results from ring – shear experiments ［J］. Engineering Geology, 2010, 114: 84 – 92.

［72］ Gregoretti C. Experimental evidence from the triggering of debris flow along a granular slope ［J］. Phys Chem Earth (B), 2000, 25 (4): 387 – 390.

［73］ Caballero L, Sarocchi D, Borselli L, et al. Particle interaction inside debris flows: Evidence through experimental data and quantitative clast shape analysis ［J］. Journal of Volcanology and Geothermal Research, 2012, 231 /232: 12 – 23.

［74］ 王协康, 方铎. 泥石流模型试验相似律分析 ［J］. 四川大学学报: 工程科学

版, 2000, 32 (3): 9-12.

[75] 吕立群, 陈宁生, 卢阳, 等. 基于人工降雨实验的坡面泥石流启动力学计算 [J]. 自然灾害学报, 2013, 22 (1): 52-59.

[76] 高冰, 周健, 张姣. 泥石流启动过程中水土作用机制的宏细观分析 [J]. 岩石力学与工程学报, 2011, 30 (12): 2567-2573.

[77] Dai F C, Lee C F, Wang S J. Analysis of rainstorm-induced slide-debris flows on natural terrain of Lantau Island, Hong Kong [J]. Engineering Geology, 1999, 51: 279-290.

[78] 王裕宜, 邹仁元, 李昌志. 泥石流土体侵蚀与始发雨量的相关性研究 [J]. 土壤侵蚀与水土保持学报, 1999, 5 (6): 34-38.

[79] 胡明鉴, 汪稔. 蒋家沟流域暴雨滑坡泥石流共生关系试验研究 [J]. 岩石力学与工程学报, 2003, 22 (5): 824-828.

[80] 陈晓清, 崔鹏, 冯自立, 等. 滑坡转化泥石流起动的人工降雨试验研究 [J]. 岩石力学与工程学报, 2006, 25 (1): 106-116.

[81] 吕立群, 陈宁生, 卢阳, 等. 基于人工降雨实验的坡面泥石流启动力学计算 [J]. 自然灾害学报, 2013, 22 (1): 52-59.

[82] Chen N S, Zhou W, Yang G L, et al. The processes and mechanism of failure and debris flow initiation for gravel soil with different clay content [J]. Geomorphology, 2010, 121 (3/4): 222-230.

[83] 尹洪江, 王志兵, 胡明鉴. 降雨强度对松散堆积土斜坡破坏的模型试验研究 [J]. 土工基础, 2011, 25 (3): 74-76.

[84] 高冰, 周健, 张姣. 泥石流启动过程中水土作用机制的宏细观分析 [J]. 岩石力学与工程学报, 2011, 30 (12): 2567-2573.

[85] 周健, 高冰, 张姣, 等. 初始含水量对砂土泥石流起动影响作用分析 [J]. 岩石力学与工程学报, 2012, 31 (5): 1042-1048.

[86] 李驰, 朱文会, 鲁晓兵, 等. 降雨作用下滑坡转化泥石流分析研究 [J]. 土木工程学报, 2010, 43 (增刊1): 499-505.

[87] 何晓英, 陈洪凯, 刘虎队. 昆明—嵩明高速公路后窗子坡面泥石流形成机制试验研究 [J]. 公路, 2011, 56 (7): 8-12.

[88] 崔鹏. 泥石流启动机理研究 [D]. 北京: 北京林业大学, 1990.

[89] 崔鹏. 泥石流启动条件及机理的实验研究 [J]. 科学通报, 1991, 21: 1650-1652.

[90] 崔鹏, 关君蔚. 泥石流启动的突变学特征 [J]. 自然灾害学报, 1983, 2: 53-61.

［91］ 徐永年，匡尚富，黄永键，等．火山岩坡残积土地区暴雨滑坡泥石流的形成机理［J］．工程地质学报，1999，7（2）：147－153．

［92］ 胡明鉴．蒋家沟流域暴雨滑坡泥石流共生关系研究［D］．武汉：中国科学院武汉岩土力学研究所，2001．

［93］ 陈晓清．滑坡转化泥石流启动机理试验研究［D］．成都：西南交通大学，2006．

［94］ 徐友宁，曹淡波，张江华，等．基于人工模拟试验的小秦岭金矿区矿渣型泥石流启动研究［J］．岩石力学与工程学报，2009，28（7）：1388－1395．

［95］ 亓星，余斌，王涛，等．沟道坡度对泥石流起动模式影响的模拟试验研究［J］．水电能源科学，2014，32（7）：116－119．

［96］ 郭庆国．粗粒土的工程特性及应用［M］．郑州：黄河水利出版社同，1999．

［97］ 武汉水利电力学院．土力学与岩土学［M］．北京：水利电力出版社，1979．

［98］ 刘雷激，朱平一，张军．泥石流源地土抗剪强度指标 φ、c 值同含水量 Q 的关系［J］．山地研究，1998，（2）：99－102．

［99］ 方华．文家沟泥石流源地土体直剪强度特征试验研究［C］//中国地质学会工程地质专业委员会、中国地质调查局、青海省国土厅．2011 年全国工程地质学术年会论文集．中国地质学会工程地质专业委员会、中国地质调查局、青海省国土厅，2011：6．

［100］ 刘小丽，罗锦添，闵弘，等．大型现场室内两用直剪仪研制（Ⅱ）：试验测试［J］．岩土力学，2006，（2）：336－340．

［101］ 郭庆国．粗粒土的工程特性及应用［M］．郑州：黄河水利出版社，1999．

［102］ 徐文杰，胡瑞林，岳中琦，等．基于数字图像分析及大型直剪试验的土石混合体块石含量与抗剪强度关系研究［J］．岩石力学与工程学报，2008，（5）：996－1007．

［103］ 匡乐红．区域暴雨泥石流预测预报方法研究［D］．武汉：中南大学，2006．

［104］ 张向京，阮波，彭意．饱和粘性土三轴剪切性状的试验研究［J］．铁道科学与工程学报，2009，6（5）：61－63．

［105］ 中华人民共和国水利部　土工试验规程［S］．北京：中国水利水电出版社，1999．

［106］ 李广信．高等土力学［M］．北京：清华大学出版社，2004．

［107］ 费祥俊，等．泥石流运动机理与灾害防治［M］．北京：清华大学出版社，2004．

［108］ Martin D A, Moody J A. Comparison of Soil Infil‐tration Rates in Burned and Unburned Mountainous Watersheds［J］. Hydrologic Processes, 2001,

15 (15)：2893－2903.

[109]　庄建琦，崔鹏，胡凯衡，等. 沟道松散物质起动形成泥石流实验研究 [J].
四川大学学报：工程科学版，2010，42 (5)：230－236.

[110]　铁道部第一设计院，中国科学院地理研究所，铁道部科学研究院西南研究
所. 小流域暴雨洪峰流量计算 [M]. 北京：科学出版社，1978.

[111]　钟敦伦，谢洪，王士革，等. 北京山区泥石流 [M]. 北京：商务印书
馆，2004.

[112]　陈宁生，杨成林，周伟，等. 泥石流勘查技术 [M]. 北京：科学出版
社，2011.

[113]　康志成，李焯芬，马蔼乃，等. 中国泥石流研究 [M]. 北京：科学出版
社，2004.

[114]　黄长伟，詹义正，卢金友. 粘性-散体均匀沙的动水休止角公式 [J]. 广东
水利水电，2008 (6)：1－3，12.

[115]　徐富强. 滑坡转化成泥石流的流态化机理研究 [D]. 成都：西南交通大
学，2003.

[116]　陈晓清，崔鹏，冯自立，等. 滑坡转化泥石流起动的人工降雨试验研究
[J]. 岩石力学与工程学报，2006，25 (1)：106－116.